ISBN 978-3-662-24257-5   ISBN 978-3-662-26370-9 (eBook)
DOI 10.1007/978-3-662-26370-9

Die in den Sitzungsberichten Abtlg. I und Abtlg. II a der math.-nat. Klasse der Österr. Ak. d. Wiss. erscheinenden Abhandlungen werden auch einzeln abgegeben. Sie können durch jede Buchhandlung oder direkt durch die Auslieferungsstelle der Österreichischen Akademie der Wissenschaften (Wien I, Singerstraße 12) bezogen werden.

Nachfolgende Abhandlungen aus dem Fache **Botanik** (Biologie) sind erschienen:

1950 (S I Bd. 159):

Cholnoky B. v. und Höfler K.: Vergleichende Vitalfärbungsversuche an Hochmooralgen (mit 23 Textabbildungen), 39 Seiten. S 29.40

1951 (S I Bd. 160):

Biebl R.: Bodentemperaturen unter verschiedenen Pflanzengesellschaften (mit 9 Textabbildungen), 19 Seiten. S 13.—
Fritz Anna: Veränderungen von Plasmaeigenschaften durch Vitalfarbstoffe, I. Prune pure, 99 Seiten. S 19.—
Kasy Rosemarie: Untersuchungen über Verschiedenheiten der Gewebeschichten krautiger Blütenpflanzen in Beziehung zu entwicklungsgeschichtlichen Befunden Hans Winklers an Pfropfbastarden (mit 2 Textabbildungen), 63 Seiten. S 29.—
Kopetzky-Rechtperg O.: Über eine Mißbildung der Alge Netrium digitus (Ehrenberg) Itzigs und Rothe (mit 1 Textabbildung), 5 Seiten. S 2.50
Krebs Ingeborg: Beiträge zur Kenntnis des Desmidiaceen-Protoplasten: I. Osmotische Werte. II. Plastidenkonsistenz (mit 3 Textabbildungen), 34 Seiten. S 20.—
Loub W.: Über die Resistenz verschiedener Algen gegen Vitalfarbstoffe (mit 4 Textabbildungen), 37 Seiten. S 20.—
Luhan Maria: Zur Wurzelanatomie unserer Alpenpflanzen: I. Primulaceae (mit 10 Textabbildungen), 26 Seiten. S 12.50
Stadelmann E.: Zur Messung der Stoffpermeabilität pflanzlicher Protoplasten: I. Die mathematische Ableitung eines Permeabilitätsmaßes für Anelektrolyte (mit 6 Textabbildungen), 26 Seiten. S 16.—
Weber E.: Physiologische Untersuchungen an Euglena olivacea. 23 Seiten. S 7.—

1952 (S I Bd. 161):

Cholnoky B. J. v.: Beobachtungen über die Plasmolyse: I. Die protoplasmatische Wirkung von NaCl-, NaOH- und HCl-Gemischen auf Delphinium-Blumenblattzellen (mit 7 Tafeln), 18 Seiten. S 12.90
Höfler K., w. M., und Loub W.: Algenökologische Exkursion ins Hochmoor auf der Gerlosplatte (mit 2 Textabbildungen), 21 Seiten. S 10.70
Kopetzky-Rechtperg O.: Artenliste von Desmidiales aus den österreichischen Alpen (mit 1 Textabbildung), 22 Seiten. S 9.40
Krebs Ingeborg: Beiträge zur Kenntnis des Desmidiaceen-Protoplasten: III. Permeabilität für Nichtleiter (mit 6 Textabbildungen), 37 Seiten. S 23.80
Küster E.: Beobachtungen über die Wirkungen des Ultraschalls auf lebende Pflanzenzellen, 13 Seiten. S 5.—
Luhan Maria: Zur Wurzelanatomie unserer Alpenpflanzen: II. Saxifragaceae und Rosaceae (mit 15 Textabbildungen), 38 Seiten. S 16.70
Stadelmann E.: Zur Messung der Stoffpermeabilität pflanzlicher Protoplasten, II. (mit 5 Textabbildungen), 35 Seiten. S 25.70
Toth-Ziegler Annemarie: Rot fluoreszierende Inhaltskörper bei Leguminosen (mit 22 Textabbildungen), 44 Seiten. S 22.40
Wawrik Friederike: Grundwasserstudie (mit 7 Textabbildungen), 20 Seiten. S 12.50
Wiesner Gertraud: Die Bedeutung der Lichtintensität für die Bildung von Moosgesellschaften im Gebiet von Lunz, 24 Seiten. S 10.80

1953 S I Bd. 162:

Cholnoky B. J. v.: Beobachtungen über die Plasmolyse II. Zur Protoplasmatik der Staubblatthaarzellen von Tradescantia (mit 31 Textabbildungen). S 11.40
Cholnoky B. J. v. und Schindler H.: Die Diatomeengesellschaften der Ramsauer Torfmoore (mit 41 Textabbildungen). S 15.60
Hirn Ilse: Vitalfärbung von Diatomeen mit basischen Farbstoffen (mit 8 Textabbildungen) S 16.20
Huber Elfriede: Beitrag zur anatomischen Untersuchung der Antheren von Saintpaulia (mit 6 Textabbildungen). S 4.90
Lenk Ingeborg: Über die Plasmapermeabilität einer Spirogyra in verschiedenen Entwicklungsstadien und zu verschiedener Jahreszeit (mit 1 Textabbildung und 1 Tafel). S 20.—
Loub W.: Zur Algenflora der Lungauer Moore (mit 3 Textabbildungen). S 22.90
Wimmer Ch. und Höfler K.: Über die Eigenfluoreszenz lebender, absterbender und toter Florideenzellen (mit 3 Textabbildungen). S 9.60
Diskus A.: Vom Osmoseverhalten halophiler Euglenen vom Neusiedler See (mit 3 Tafeln). S 8.50

Die Algenzonierung in Mooren des österreichischen Alpengebietes

Von Walter Loub, Walter Url, Oswald Kiermayer, Alfred Diskus und Karl Hilmbauer

(Aus dem Pflanzenphysiologischen Institut der Universität Wien)

Mit 1 Textabbildung und 3 Tafeln

Vorgelegt in der Sitzung am 11. März 1954

Einleitung.

Die älteste Erfassung alpiner Mooralgen in Österreich geht auf Lütkemüller (1892, 1900) und Heimerl (1891) zurück, eine andere Liste veröffentlichte später Hustedt über Funde in Tirol (1911). In der Schweiz und in Deutschland wurden die Moore öfter untersucht, wie die Arbeiten von Steinecke, Magdeburg, Wehrle, Behre, Budde, Gessner, Gistl, Bertsch, Donat, Harnisch, Heinis, Homefeld, Zacharias und Messikommer zeigen. Einen weiteren Beitrag zur algologischen Erschließung österreichischer Moore stellt die Arbeit Redingers „Studien zur Ökologie der Moorschlenken" (1934) dar; auch Höflers Abhandlung über den Eisengehalt der Desmidiaceenmembran (1926) enthält Listen alpiner Mooralgen. Neben einer Arbeit von Cholnoky und Schindler (1951) soll hier besonders auf die jüngste Abhandlung Kopetzky-Rechtpergs „Artenliste von Desmidiales aus den österreichischen Alpen" (1952) hingewiesen werden, die in ihrer Art für die alpine Mooralgensoziologie in Österreich eine Pionierleistung darstellt. Genauere algensoziologische Erfassungen österreichischer Moorbiozönosen bringen die Veröffentlichungen „Algenökologische Exkursion ins Hochmoor auf der Gerlosplatte" (Höfler und Loub 1952) und „Zur Algenflora der Lungauer Moore" (Loub 1953).

Die vorliegende Arbeit ist aus den Ergebnissen mehrerer Exkursionen und Arbeitsaufenthalte in österreichischen Moorgebieten hervorgegangen. Sie soll jedoch nicht ein Abschluß oder ein endgültiger Überblick über die Erforschung der österreichischen alpinen Moorgesellschaften sein, sondern ein Ausgangspunkt für weitere und eingehendere Untersuchungen.

In einigen Gebieten Österreichs finden sich Anhäufungen größerer oder kleinerer Moore von beträchtlichen Ausmaßen. Doch sollen die Moorkomplexe oder Mooranhäufungen bei Ibm, im Salzburger Hügelland, die zahlreichen kleinen Hochmoore im Norden von Vorarlberg und Tirol in dieser Arbeit nicht berücksichtigt werden, da diese Gebiete algologisch noch wenig bekannt sind.

Gut entwickelte Spagnummoore, die im Mittelpunkt vorliegender Untersuchungen stehen, sind in allen Teilen der Alpen zu finden, besonders in Höhen zwischen 500 m (Teichl) und 1700 m (Lungau). Teils sind es Einzelmoore, teils findet man auch größere Ansammlungen von Mooren. Solche Anhäufungen finden sich in der Zentralzone (Urgestein bzw. Glimmerschiefer) im Lungau, in der Umgebung von Steuerberg in Kärnten, in den Nordtälern des Pinzgaues, ebenso auf der Gerlosplatte und deren Umgebung. In den Kalkalpen liegen zahlreiche Moore nahe der Bahn Aussee–Mitterndorf sowie zwischen Liezen und Admont. Von den Einzelmooren sollen nur die Moore von Teichl bei Windischgarsten, das Hechtenseemoor und die Moore bei Lunz und Göstling berücksichtigt werden. Von den zahlreichen Flachmooren, die in Vorarlberg nahe dem Bodensee und in Kärnten in der Umgebung von Moosburg sehr ausgedehnt sind, wurden bisher nur die letzteren von uns besucht. Nähere Angaben über die Entstehung, den Bau und die Makroflora der oben genannten Moore sind aus den im Literaturverzeichnis angegebenen Werken und Veröffentlichungen zu entnehmen.

Die moderne Algologie begnügt sich nicht mit einfachen Artenlisten, sondern sucht die Algenwelt der Moorbiozönose soziologisch zu erfassen. Auf Probleme, die sich aus diesem Bemühen ergeben, soll hier kurz hingewiesen werden. Die Ansichten über die Methoden teilen sich. Zwei Richtungen, die hydrobiologische, vor allem von Ruttner und Thienemann vertreten, und die „soziologische", von Messikommer, Wehrle, Budde, Magdeburg und Krieger vertreten, stehen sich gegenüber. Bei Legler (1931) findet sich eine Verbindung beider Methoden. Er führt eine genaue chemische Untersuchung und Dauerbeobachtung seiner Standorte durch, beginnt aber daneben die Biozönose als solche soziologisch, und zwar durch Abundanzangaben, zu erfassen. Während aber Legler im österreichischen Gebiet nur eine Algengruppe (die Diatomeen) betrachtet, zielt die vorliegende Arbeit auf die Erfassung aller Algengruppen der Biozönose ab.

Die soziologische Erfassung der Algen bildet noch immer ein Problem für sich[1]. Man könnte diese nach der in der Hydrobiologie üblichen Zählmethode durchführen. Diese Methode ist für Planktonuntersuchungen ideal, im vorliegenden Fall scheint sie jedoch nicht so geeignet. Es können nämlich große und kleine Zellen, vielzellige und wenigzellige Individuen nicht ganz ohne Berücksichtigung der Größenunterschiede gezählt und aufgenommen werden. Im dichten Auftrieb oder Bodenbelag der Schlenken ist auch die Größe der Algen von Bedeutung. Es ist ein wesentlicher Unterschied, ob man in einem Präparat zehn Zellen von *Micrasterias denticulata* oder *Staurastrum inconspicuum* oder *Chlorobothrys regularis* findet. Daher dürfte die bloße Auszählung des Materials nach Kolkwitz-Marson auch bei noch so guter Aufsammlungsweise nicht die beste Methode zur soziologischen Beurteilung von Schlenkengesellschaften sein. In Höflers Pilzsoziologie (1937) wird der Raumbeanspruchung durch Ermittlung des Gewichtes Rechnung getragen. In der vorliegenden Arbeit werden bloß auf Schätzung beruhende Abundanzangaben bevorzugt, die jedoch auch die Individuengröße (in bezug auf die Art) berücksichtigen.

Die Abundanz wird in fünf Graden angegeben, und zwar: 1 = sehr selten, 2 = in geringer Menge, 3 = in zahlreichen Exemplaren, 4 = sehr häufig oder reichlich, 5 = dominant.

Den Zahlen der Kolkwitz-Marson-Methode würden ungefähr folgende Grade entsprechen, wobei die Zahlen in runder Klammer für größere Formen, größere Zellen oder Kolonien bzw. längere Fäden gelten. Für Zygnemalen und Ödogonialen bzw. Fäden, die eine Deckglaslänge überschreiten, gelten die Angaben in eckiger Klammer.

1 = bis 2—4 (1) Zellen [1—2]
2 = bis 15—20 (10) Zellen [5]
3 = bis 60—70 (50) Zellen [15—20]
4 = bis 150 (100) Zellen [30—35]
5 = bis mehr als 150 (180) Zellen [über 40] bzw. wenn eine Art dominant ist.

Die mathematisch genaue soziologische Erfassung der langen, fädigen Algen ist in Moorgesellschaften schwer möglich, da in den lockeren Watten die Zahl und die Formen der nichtfädigen Algen stets von großer Bedeutung, ja in bezug auf den ökologischen

---

[1] Auf einen Vergleich unserer Befunde mit den Algenassoziationen der französischen Autoren (vgl. J. Symoens 1951 und die dort verzeichnete Literatur) soll bei späterer Gelegenheit eingegangen werden. Prof. Höfler machte uns nach Abschluß des Manuskripts auf die französische algensoziologische Literatur aufmerksam.

Zeigerwert oft noch wichtiger als die Watten selbst sind. Einige Beispiele aus der Flachmoorzone sollen dies später zeigen.

Die neben dem Abundanzgrad angegebenen Zahlen sind als Durchschnitt aus je 10 Präparaten aufzufassen, wobei die Dicke $^1/_{15}$—$^1/_{20}$ mm, die Deckglasmaße 16 × 16 (bzw. 15 × 15 mm) betrugen.

Die Aufsammlung erfolgte bei Auftrieben durch Einfließenlassen in Tuben u. dgl., bei Bodenbelägen durch Abschöpfen mit einem scharfrandigen Löffel. Durch das Abschöpfen oder Abheben vom Untergrund werden beträchtliche Mengen Detritus aufgesammelt. Das ist jedoch unvermeidlich, da sonst zahlreiche Kleinformen verlorengehen. Da neben der Aufsammlungsart auch das Alter der Probe (das Material wurde meist in frischem Zustand untersucht) von Bedeutung ist, wurden Belegproben schon am Standort fixiert. Der Vergleich mit diesen fixierten Proben zeigte, daß sich gewisse Materialien wochenlang, ja oft monatelang bei Kühlstellung im Fließwasserbecken und hellem diffusem Licht fast unverändert hielten. Die Fixierung wurde mit Pfeiffer-Wellheim-Gemisch und JJK (für Flagellaten) durchgeführt. Die weiter unten angeführten chemischen Daten wurden durch Untersuchung am Standort ermittelt.

Die Algenzonen im allgemeinen.

Die „Z o n e n" im Moor sind vorerst als „algologische Zonen" gedacht. Grundlage der Zonierung bilden die Algen. Die übrigen Lebewesen werden soweit erwähnt, als sie selbst beobachtet wurden und zur biozönotischen Charakterisierung der Zonen dienlich sind. Die Zonen sind Bezirke der Moorfläche, in denen sich Schlenken oder ihnen gleichwertige Algenstandorte mit einem bestimmten, innerhalb der Zone im wesentlichen gleichen Organismenbestand finden. Auch die übrige Lebewelt, besonders die Gesellschaft der Makroflora, scheint in gewissem Maß für jede Zone charakteristisch zu sein.

Die Zonen erstrecken sich vom Moorzentrum mit der größten Spagnumtorfmächtigkeit oder geringster Nährstoffkonzentration der Zone A über die Zonen B, C, D, E bis zur Zone F, der Zone geringster Hochmoortorfdicke oder größter Nährstoffkonzentration innerhalb des Moores. Über die arealmäßige Verteilung von Zonen in einem alpinen Sphagnummmoor wird ein Beispiel aus den Lungauer Mooren (Moor II) Aufschluß geben (S. 457).

Die Zonenzugehörigkeit der Schlenke oder des Teilbiotops wird in erster Linie durch den Organismenbestand, in zweiter Linie durch chemisch erfaßbare ökologische Gegebenheiten festgelegt. Die Feststellung und Bewertung der Schlenkenvegetation soll aber vorläufig nicht durch Aufstellung neuer Assoziationen und Verbände im Sinne Braun-Blanquets erfolgen, sondern durch Schilderung des wesentlichen Organismenbestandes. Es gibt nämlich im Moor Algen, die zwar in mehreren Zonen vorkommen, aber durch maximale Häufigkeit eine bestimmte Zone charakterisieren. „Individuelle" Verschiedenheit zeigen sowohl die Schlenken wie die Moore als Ganzes. Ihre allgemeine Charakterisierung oder Typisierung wird dadurch nicht wesentlich beeinträchtigt.

Die Fig. 1—6 sollen die nachfolgende allgemeine Charakterisierung der Zonen unterstützen. Sie erheben natürlich keinen Anspruch auf Vollständigkeit, sondern zeigen Ausschnitte aus Proben, wie sie an frischem Material beobachtet wurden.

Die Zone A (s. Tafel 1, Fig. 1) ist für das stark saure Hochmoor charakteristisch, ein Moor kann sogar nur Algenstandorte der Zone A umfassen. Oft macht diese Zone den zentralen Teil eines Moores oder Moorkomplexes aus. In den Alpen und Voralpen Österreichs ist das Areal dieser Zone, soweit sie nicht im Schwingrasen oder in dessen unmittelbarer Umgebung liegt (Tamsweg V, VI, Lunz) mehr oder weniger dicht von *Pinus mugo* bedeckt. Die Sphagnen bilden große Bülten (oft über $1/2$ m hoch), zwischen denen seichte Schlenken eingebettet sind, die daher ganz von *Sphagnum* umgeben werden.

Die Fläche dieser Zone wird von Pflanzengesellschaften des extremsauren Hochmoors bedeckt. Die entsprechenden Angaben sind aus den Arbeiten von Paul und Lutz (1941) und Vierhapper (1936) zu ersehen.

Die Mikrolebewelt zeigt den Bereich einer Zone genauer an als die Makrolebewelt. Auch die Mikrozoen scheinen für die einzelnen Zonen charakteristisch zu sein. Es sollen hier nur einige Formen genannt werden, die besonders häufig gefunden wurden. Von den Crustaceen wäre *Streblocerus serricaudatus* zu nennen. Erstaunlich ist der Reichtum an Thecamoeben, unter denen *Difflugia bacillifera*, *Arcella discoides*, *Centropyxis aculeata*, *Nebella collaris*, *Ditrema flavum* und *Amphitrema Wrightianum* (Gogausee), *Hyalosphenia elegans* und *Hyalosphenia papilio* (bes. Tamsweg II) die häufigsten sind. Rotatorien, Milben und Nematoden, die ebenfalls wesentliche Bestandteile der Schlenkenmikrofauna darstellen, wurden im Verlauf der Untersuchungen weniger beachtet. Angaben über die Mikrofauna der A-Zone sind in der Arbeit Redingers (1934, S. 234) zu finden. Die Grundlage der Zonierung sind im vorliegenden Falle die Algen. Die Schlenken der A-Zone zeichnen sich durch

Artenarmut und Individuenreichtum aus, eine altbekannte Tatsache, die auch im T h i e n e m a n n schen Gesetz ihren Ausdruck findet. Die Artenzahl pro Teilbiotop (Schlenke) beträgt durchschnittlich nur 20 bis 25. Einige Arten werden sogar ± dominant und geben so ein Bild, das wir nur in Zone A finden; es sind dies *Cylindrocystis Brebissonii* und *minor* (Göstling, Teichl), *Netrium oblongum* (Dürreneggsee), *Staurastrum scabrum* (Trattenbachtal), *Chroococcus turgidus* (Knoppen), *Cosmarium cucurbita* (Rotmoos) und *Tetmemorus laevis* (Hechtensee). Neben der Dominanz der genannten Arten ist für die Zone A das Fehlen von Closterien (außer *Closterium acutum*), *Aphanothecen*, *Pleurotaenien* und *Xanthidien* charakteristisch. Die folgenden Arten sind mehr oder weniger häufig und daher in ihrem gemeinsamen Vorkommen für A-Schlenken wesentlich. Außer den bereits genannten Arten sind dies: *Eucapsis Alpina*, *Stigonema ocellatum*, *Pinnularia viridis*, *Frustulia saxonica*, *Penium exiguum* (besonders im Gerlosmoor), *Penium minutum* (im Lungau seltener), *Euastrum insigne*, *Euastrum binale*, *Arthrodesmus incus* (meist var. *minor*), *Staurastrum Simonyi*, *Staurastrum inconspicuum*, *Staurastrum margaritaceum*, *Staurastrum furcatum*, *Gymnozyga Brebissonii* (= *moniliformis*), *Tetracoccus botryoides*, *Scenedesmus costatus*, *Oedogonium Itzigsohnii*, *Microthamnion Kützingianum*, *Gloeodinium montanum*, *Akanthochloris* und ihr ähnliche Heterokonten.

Die Zone B (Fig. 2) ist ebenfalls oft von *Pinus mugo* bedeckt. Der Sphagnumrasen ist aber nicht immer so dicht oder so geschlossen wie in A. Oft werden Teile des Zonenareals von einem *Carex rostrata*-Sumpf bedeckt, welcher eine für die B-Zone charakteristische Mikroflora enthält. Auch hier ist der Untergrund rein oligotropher Hochmoortorf. Die Makrovegetation setzt sich hier gleichfalls aus den Gesellschaften der Zone A zusammen. Die Mikrofauna scheint im wesentlichen der der Zone A zu gleichen. Die Artenzahl der Algen überschreitet 30—35 pro Standort nicht wesentlich. *Xanthidium armatum*, *Closterium striolatum* und *Tetmemorus granulatus*, die sogar dominant werden können, unterscheiden diese Zone von A. *Pleurotaenien*, große *Micrasterien*, *Euastrum oblongum* und *Aphanothece* fehlen der Zone B. Desmidiaceen von mittlerer Größe, wie *Euastrum sinuosum*, *Euastrum affine*, *Euastrum ansatum*, *Micrasterias truncata*, *Cosmarium pseudopyramidatum*, sind hier zahlreicher als in A. *Tabellaria flocculosa* und *Dictyosphaerium Ehrenbergianum*, die beide in A fehlen, begegnen wir auch in B noch selten. Außerdem finden sich einige *Eunotien* (siehe Tabelle). Bezüglich der Makroflora sei auf die Arbeiten von Zumpfe, Vierhapper, Paul und Scharfetter verwiesen.

Tafel 1.

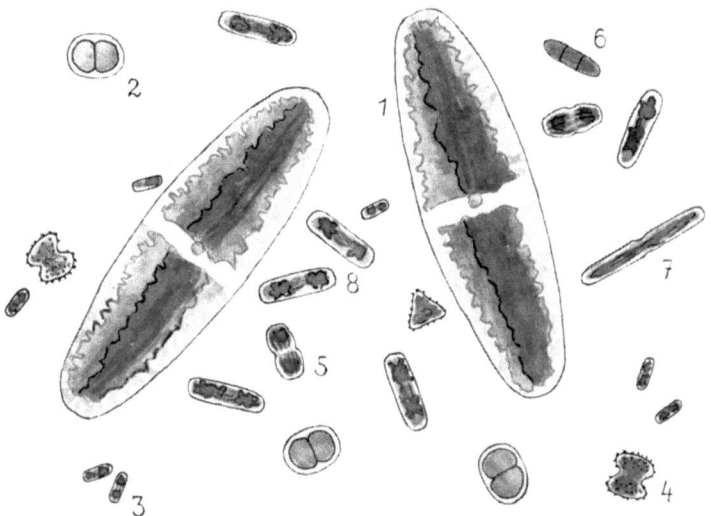

Fig. 1. Ausschnitt aus einer Probe aus der Zone A.
Netrium digitus (1), *Chroococcus turgidus* (2), *Cylindrocystis Brebissonii* var. *minor* (3), *Staurastrum scabrum* (4), *Cosmarium cucurbita* (5), *Penium polymorphum* (6), *Penium minutum* (7), *Cylindrocystis Brebissonii* (8).

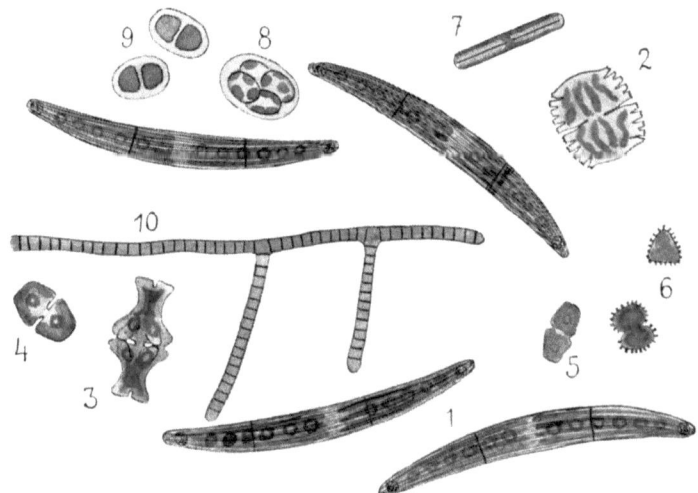

Fig. 2. Ausschnitt aus einer Probe aus der Zone B.
Closterium striolatum (1), *Micrasterias truncata* (2), *Euastrum insigne* (3), *Cosmarium pseudopyramidatum* (4), *Cosmarium cucurbita* (5), *Staurastrum scabrum* (6), *Pinnularia viridis* (7), *Oocystis solitaria* (8), *Chroococcus turgidus* (9), *Hapalosiphon fontinalis* (10).

Tafel 2.

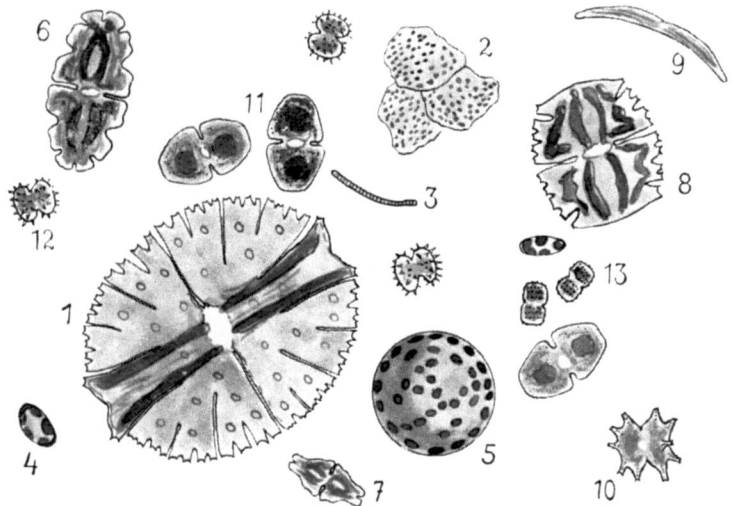

Fig. 3. Ausschnitt aus einer Probe aus der Zone C.
Micrasterias rotata (1), *Aphanothece saxicola* (2), *Eunotia lunaris* (3), *Oocystis solitaria* (4), *Eremosphaera viridis* (5), *Euastrum oblongum* (6), *Euastrum sinuosum* (7), *Micrasterias truncata* (8), *Closterium striolatum* (9), *Staurastrum furcigerum* (10), *Cosmarium pseudopyramidatum* (11), *Staurastrum teliferum* (12), *Cosmarium amoenum* (13).

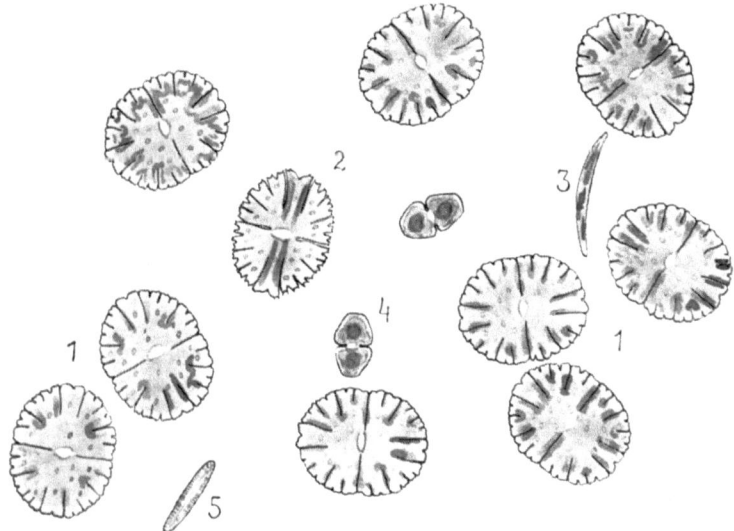

Fig. 4. Ausschnitt aus einer Probe aus der Zone C.
Micrasterias denticulata (1), *Micrasterias rotata* (2), *Closterium striolatum* (3), *Cosmarium pseudopyramidatum* (4), *Pinnularia viridis* (5).

Tafel 3.

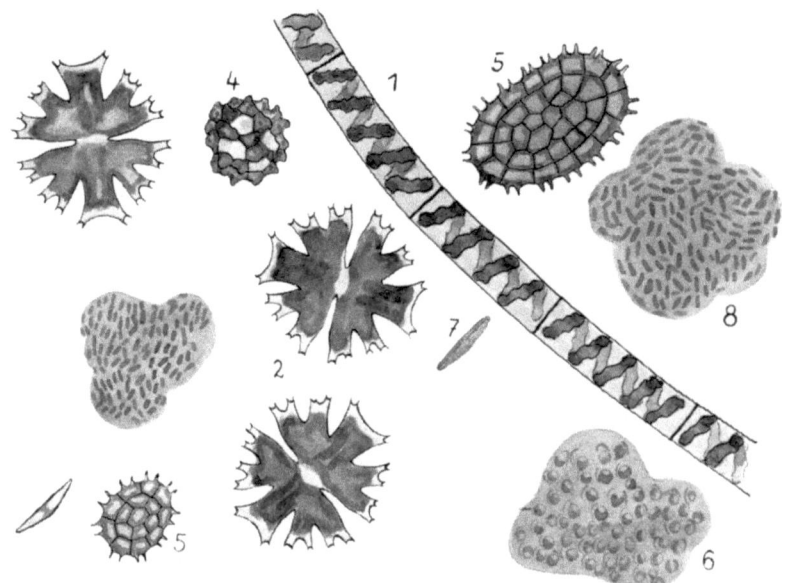

Fig. 5. Ausschnitt aus einer Probe aus der Zone D.
Spirogyra sp. (1), *Micrasterias crux melitensis* (2), *Coelastrum proboscideum* (4), *Pediastrum Boryanum* (5), *Schizochlamys delicatula* (6), *Cymbella gracilis* (7), *Aphanothece stagnina* (8).

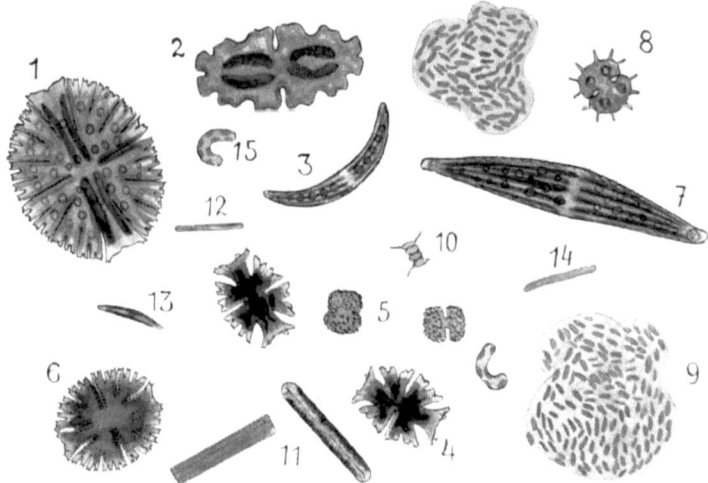

Fig. 6. Ausschnitt aus einer Probe aus der Zone E.
Micrasterias rotata (1), *Euastrum oblongum* (2), *Closterium Dianae* (3), *Micrasterias americana* (4), *Cosmarium magaritaceum* (5), *Micrasterias fimbriata* (6), *Closterium lunula* (7), *Xanthidium cristatum* (8), *Ophiocytium parvulum* (9), *Scenedesmus quadricauda* (10), *Pinnularia nobilis* (11), *Nitzschia paleacea* (12), *Cymbella gracilis* (13), *Eunotia lunaris* (14), *Aphanothece saxicola* (15).

Die Zone C (Fig. 3) ist die Zone des Zwischenmoorareals. Die Mikrofauna der Schlenken unterscheidet sich deutlich von B. Von den Tieren wurden in den Algenproben besonders häufig folgende Formen gefunden: *Hyalosphaenia papilio*, *Centropyxis aculeata*, *Difflugia bacillifera*, *Difflugia constricta*, *Quadrula symmetrica*, *Arcella vulgaris*, *Nebella collaris* und *militaris* (beide in den Lungauer Mooren sehr häufig), *Catenula lemnae*, *Alona guttata* und *Chydorus sphaericus*. Die Artenzahl der Algen beträgt ungefähr 50 bis 60 pro Standort. Kennzeichnend ist das Vorkommen von *Micrasterias rotata* und *denticulata*. Diese Arten kommen oft in Massenvegetation vor (s. Tafel 2, Fig. 4), welche für die Zone C charakteristisch ist, ebenso wie das reichliche Vorkommen von *Aphanothece*-Arten (die A und B fehlen). *Frustulia saxonica* wird seltener, dafür finden sich mehr *Pinnularien*. *Cymbella gracilis* und *Closterium lunula* sind noch selten (erst in E und F zahlreich). *Nostoc Kihlmannii*, *Closterium intermedium*, *Euastrum oblongum* oder *humerosum* (letzteres Lunz-Oberseeschwingrasen), *Xanthidium antilopaeum*, *Staurastrum capitulum* und *Pediastrum tricornutum* sind wichtige Formen. Weitaus häufiger sind allerdings *Eremosphaera viridis*, *Oocystis solitaria*, *Micrasterias papillifera*, *Micrasterias truncata* oder *crenata*, *Cosmarium pseudopyramidatum*, *Cosmarium elegantissimum* und *amoenum* neben *conspersum*, *Euastrum ansatum* und *obesum*.

Die Zone D (Fig. 5) ist vorläufig nur algologisch von der Zone C getrennt. Die Makrovegetation dieser Zone ist die des Zwischenmoors. Artenzahl und Abundanzverhältnisse der Mikroflora sind im allgemeinen der Zone C sehr ähnlich. Die Schlenken liegen bei Schwingrasenmooren vorwiegend am seeseitigen Rand. Die besonders große Häufigkeit von *Micrasterias crux melitensis* (Abundanz 3—4 bzw. 5) sowie der Individuenreichtum zahlreicher *Aphanothece*-Arten kennzeichnet die Mikroflora dieser Zone. *Cymbella gracilis* ist ebenso wie in E häufig. *Pediastrum Boryanum* und *Schizochlamys* sind sogar häufiger als in Zone E. *Cosmarium pseudopyramidatum* und *Coelastrum proboscideum* kommen häufig. *Pleurotaeniopsis turgida* seltener vor. *Spirogyra* findet sich bereits, wenn auch nur in einer Form und in wenigen Fäden.

Die Zone E zeigt die Makrovegetation der Flachmoore. An Stelle von Sphagnumbülten treten Carexhorste, zwischen denen die seichten Lachen, Schlenkenkomplexen ähnlich, liegen. Die häufigsten Thecamoeben sind *Arcella vulgaris*, *Difflugia bacillifera*, *Centropyxis aculeata* und *Difflugia pyriformis*. Die Artenzahl der Algen übersteigt 70—80 sehr oft, was meist mit einer gewissen Individuenarmut verbunden ist. Die Populationen der in den

Tabellen angegebenen Standorte sind zwei lokale Typen der Zone E, und zwar für die Lungauer Moore charakteristisch durch *Micrasterias americana*, für den Gogauseeschwingrasen in Kärnten durch *Micrasterias apiculata*. *Aphanothecen* kommen in E weniger, Diatomeen dafür mehr als in den vorigen Zonen vor.

Die noch seltene *Stauroneis* (s. Tabelle) ist neben der häufigen *Cymbella gracilis* und *Nitzschia paleacea* ein wesentlicher Teil des Artenbestandes. *Scenedesmus quadricauda*, *Penium spirostriolatum*, *Closterium angustatum* und *ulna*, *Cl. Dianae*, *Cl. Lunula*, *Pleurotaenium*, *Micrasterias*-Arten, größere und derbwarzige *Cosmarien*, besonders *Cosmarium margaritiferum*, *Xanthidien* der früheren Gattung *Holocanthum*, *Spirogyra* und andere Zygnemalen, *Trachelomonas hispida*, *Tr. oblonga* und *Ophiocytium parvulum* sind wohl die wesentlichen Vertreter der betreffenden Artengruppen (Fig. 6).

Die Zone F entspricht der Fläche mit der Makroflora des Flachmoors und der sauren Wiesen. Eine scharfe algologische Abgrenzung der Teilbiozönosen der F-Zone gegen die Biotope außerhalb des Moores konnte im Lauf der Untersuchungen nicht in befriedigender Weise gefunden werden. Die Gewässertypen sind verschieden, entweder Lachenkomplexe zwischen Horsten oder einzelne, oft nur trittgroße wassergefüllte Vertiefungen in der sauren Wiese. Die Schilfsümpfe bedürfen wohl keiner eigenen Schilderung. Wichtig ist hier jedoch der p_H-Wert (bei M o o s b u r g 6,5—6,7), der nie im alkalischen Bereich liegt, wie es um den Neusiedler See und in den „Salzsümpfen" der Fall ist. Die Schwingrasenränder zeigen eine Vermischung von typischen Mooralgen mit Süßwasseralgen, die in ihrer Art charakteristisch für die Zone F ist. Unabhängig von einer Bindung an die drei schon äußerlich grob unterscheidbaren Typen der F-Standorte oder Teilbiotope lassen sich algologisch drei Typen dieser Zone erkennen. Diese Typen sollen folgendermaßen benannt werden: Typ a = Desmidiumtyp, Typ b = Zygnemalentyp, Typ c = Artenbestände des diatomeenreichen Flachmoors.

Der a-Typ ist durch das Vorhandensein von *Desmidium*, das oft dominant wird, gekennzeichnet. *Closterium Dianae* und *Cl. Lunula* erreichen mitunter Abundanzgrad 3—4. *Closterium rostratum* und *Kützingii* ist besonders in den Randgebieten der Moore zahlreich bis dominant. Unter den zahlreichen *Euastren* finden sich besonders *E. oblongum* sehr häufig. Der Micrasteriasbestand sieht oft dem der C-Zone sehr ähnlich, auch *Micrasterias crux melitensis* findet sich ganz spärlich. *Micrasterias pinnatifida* ist im allgemeinen reichlicher vorhanden. Neben *Cosmarium connatum* sind die derbwarzigen *Cosmarien* immer wieder für diese Zone charakteristisch, ebenso *Pleurotaeniopsis turgida* und zahlreiche *Staurastren*, darunter *Staurastrum muticum, St. teliferum, St. furcigerum, Hyalotheca dissiliens* oder *mucosa* und spärlich *Phacus pleuronectes*.

Der b-Typ der F-Zone zeigt viele Arten, die auch in Teilbiotopen vom a-Typ vorkommen; daneben finden sich jedoch reichlich *Pediastrum Boryanum, Scenedesmus quadricauda, Chaetophora elegans, Schizochlamys, Cymbella*-Arten, *Tabellaria floccosa* und *Peridineen*.

Der c-Typ unterscheidet sich von den beiden ersten grundlegend; man könnte den Artenbestand fast als Süßwasserbiozönose bezeichnen. Es finden sich neben lockeren Zygnemalenwatten mit viel *Spirogyra* viele Arten von Diatomeen. *Eudorina elegans, Cosmarium botrytis, Closterium Ehrenbergii* dürften wohl auch ein Hinweis auf die ökologische Einordnung dieses, besonders im Phragmitetum beobachteten Artenbestandes sein.

Verschiedene Standortsbedingungen und ihre Beziehung zur Zonierung.

Den Änderungen der Mikroflora von Zone zu Zone entsprechen auch geänderte Standortsbedingungen, die sich in besonders schöner Abstufung im verschiedenen Gehalt des Wassers an bestimmten Stoffen zeigen. Diese chemischen Verschiedenheiten des Standortswassers stehen wohl unter den für die Besiedlung maßgebenden Faktoren an erster Stelle.

p_H-Wert, Alkalinität, Chlorid- und Sulfatgehalt, Gehalt an organischen Stoffen bzw. Abwasserstoffen, die den Ausgangspunkt verschiedener ökologisch-soziologischer Systeme (H u s t e d t, W e h r l e, K o l k w i t z) bilden, wurden unter anderem auf ihre Bedeutung für die Moorbiozönose geprüft. Im folgenden soll ihre Beziehung zur algologischen Zonierung kurz umrissen werden.

Wirklich deutliche, wenn auch sehr feine zonengemäße Unterschiede zeigen p_H- und Alkalinitätswert. Beide sind in der Tabelle für alle Zonen nach den bisherigen Untersuchungen angegeben. Es wurden immer neben den täglichen auch die jahreszeitlichen Schwankungen oder die durch Witterungsverhältnisse bedingten berücksichtigt. Außer acht gelassen wurden die chemischen Verhältnisse zur Zeit der Eisbedeckung. Die Alkalinität, in n/10 ccm HCl angegeben, wurde immer auch mit n/50 HCl gemessen. Die Alkalinitätswerte, welche den Karbonat- und Bikarbonatgehalt angeben, lassen auch vorsichtige Rückschlüsse auf den Ca-Gehalt zu. Die Bedeutung dieses Elements für Kryptogamen wurde schon in zahlreichen Arbeiten betont (z. B. W a r é n 1936), und so ist es vielleicht verständlich, weshalb p_H und Alkalinität die feinste und der Zonierung wirklich entsprechende Abstufung im Moor zeigen. Der Chlorid- und Sulfatgehalt zeigt zwar in salzigen oder leicht salzigen Wässern eine schöne Abstufung, in den untersuchten Moorschlenken zeigten sich jedoch keine zonengemäßen Unterschiede. Die Werte schwankten bei Chlorid zwischen 3 und 6 mg/l, bei Sulfat zwischen 5 und 15 mg/l, und diese Unterschiede zeigten sich auch zwischen den Schlenken der gleichen Zone. Der Gehalt an organischen Stoffen scheint im Hochmoorzentrum bzw. im Zentrum einer Fläche der Zone A oder B höher zu sein, wir wollen jedoch hier auf Angaben von Permanganatwerten verzichten, da ja durch diese Methode viele organische Stoffe gar nicht erfaßt werden. Wenn auch im Moorzentrum der Gehalt des Wassers an Sauerstoff oft geringer ist (Diff. 0,5—0,8 mg/l), so scheint die fehlende zonenentsprechende Abstufung zu zeigen, daß der Sauerstoff für die Algenverteilung im Gesamtbiotop keine ausschlaggebende Bedeutung hat.

Der Stickstoffgehalt des Wassers (Nitrat, Nitrit) ist für die Zonierung im großen bedeutungslos, für die Algenpopulation der einzelnen Schlenke jedoch sehr wichtig. Im allgemeinen ist weder Nitrat noch Nitrit in den Hochmoorgewässern im Sommer feststellbar. Durch Düngung einzelner Lachen wird auch zu dieser Zeit eine Erhöhung des Gesamtstickstoffgehalts bewirkt. Es wurden 0,01—0,05 (0,1) mg/l Nitrit und mitunter Spuren von Nitrat festgestellt, wobei gleichzeitig Massenvegetation von *Trachelomonas volvocina* und *Euglena acus* im Hochmoor und Massen von *Cryptomonas* im Flachmoor beobachtet wurden.

Auch der Eisengehalt des Wassers entspricht nicht der Algenzonierung. Sowohl in der Zone B als auch in der Zone F können nach den bisherigen Beobachtungen Werte bis zu 500 mg Fe_2O_3/l erreicht werden. In der Zone F scheint dieser hohe Eisengehalt keine besonders starke Wirkung auf die Zusammensetzung der Flora zu haben. In der Zone B besteht die Schlenkenpopulation bei so hohem Eisengehalt fast nur mehr aus *Closterium striolatum* und *Closterium juncidum*.

Die folgende Tabelle gibt einen kurzen Überblick über die chemisch-ökologischen Verhältnisse in den verschiedenen Zonen.

Zone	p_H	Alkalinität	SO_4	Cl	NO_3	NO_2
A	3,7—4,6	0,07—0,1	5—15	3—6	0	bis Spuren
B	4,8—5,0	0,1 — 0,15+	5—15	3—6	0	,, ,,
C	5,2—5,8	0,2 — 0,35	5—15	3—6	0	,, ,,
D	5,7—6,2	0,3 — 0,35+	5—15	3—6	0	,, ,,
E	5,8—6,4	0,35 - 0,45	5—15	3—6	0	,, ,,
F	6,0—6,7	0,45— 0,8	5—15	3—6	0	,, ,,
F_c	6,5—7,0	0,80—1,0	5—15	3—6	0	,, ,,

Diese Angaben gelten nur für die Schlenken eines Moores, nicht für Sekundärstandorte. Bei Sekundärstandorten kommt es immer wieder vor, daß ihr Untergrund nicht den ökologischen Bedingungen einer Zone entspricht. Bei Torfstichen werden immer neben Hochmoortorfschichten auch solche mit nährstoffreichem Flachmoortorf aufgerissen. Dadurch werden dem Wasser Stoffe zugeführt, die in den Schlenken der Umgebung nicht enthalten sein können. Sehr oft fließt in diese Standorte sogar Wasser aus der Umgebung des Moores ein, was besonders in Kalkgebieten von großer Bedeutung ist. Genauere Untersuchungen über diese Probleme sind aber noch im Gang, und es kann hier nichts Abschließendes darüber gesagt werden.

Die algologische Zonierung verschiedener Moore der österreichischen Alpen.

Es soll nun kurz dargelegt werden, wie die Algenzonierung, die im vorigen Kapitel in ihren allgemeinen und für österreichische Moore kennzeichnenden Zügen und ihren Beziehungen zur Gesamtbiozönose geschildert wurde, arealmäßig und topographisch in verschiedenen Mooren wirklich gegeben ist.

Als erstes Beispiel soll ein Lungauer Moor, das Moor II (Nr. 286 im Moorprotokoll, bei L o u b 1953, S. 553), etwas genauer besprochen werden. Die beigegebene Karte (Abb. 1) zeigt die genaue Lage der Standorte. Das Moor II liegt auf einer Hangverflachung mit der größten Längserstreckung in Richtung Ost—West. Im Norden, Süden und Osten wird es von mehr oder weniger dichtem *Picea-Larix*-Wald umgeben. Gegen Osten liegt dieser Wald auf einem kleinen Hang. Der Abfall beginnt ungefähr bei den Standorten 12, 11 und 19 und endet im Gelände vor der Überlingalm, wie auch das Moor II etwas höher als diese liegt. Ein Graben (Bachbett), der wenige Meter vom Standort 14 steiler als der zuvor genannte Hang abfällt, führt aus dem Moor zeitweise abfließendes Wasser in einen von der Überlingalm südlich zum Zechnergut fließenden Bach. Der größte Teil des Moores selbst wird von einem dichten *Pinus-mugo*-Bestand bedeckt. Die Standorte 1 bis 8 liegen auf kleinen Lichtungen dieses Bestandes. Die Standorte 6, 7 und 8 stellen Komplexe schmaler, langgezogener Schlenken dar. Die Vegetation entspricht dem typischen Hochmoor. Gegen Osten wird der *Pinus-mugo*-Wald lichter. Die Standorte 9 und 10 liegen schon im Zentrum einer großen Lichtung dieses Latschenwaldes. Weiter im Osten schließt sich ein kleiner *Carex-rostrata*-Sumpf an, in dem die Standorte 12, 13, 14, 15 und 16 liegen. Die Standorte 11, 19 und 20 liegen in der pinusfreien Fläche im NO. Während aber die Standorte 11 und 20 noch sphagnumreiche Umgebung zeigen, liegt 19 schon am Rande des Flachmoors. In der Umgebung der Standorte 17 und 18, die kleine Lachen sind und schon im Areal der Flachmoor- und Sauerwiesenvegetation liegen (s. Vierhapper 1936), fehlt *Sphagnum* fast ganz. Die Algenbestände einiger Standorte dieses Moores sind in die allgemeinen Tabellen aufgenommen worden. Von den anderen Standorten sind hier nur die wesentlichen Arten aufgezählt. (Das

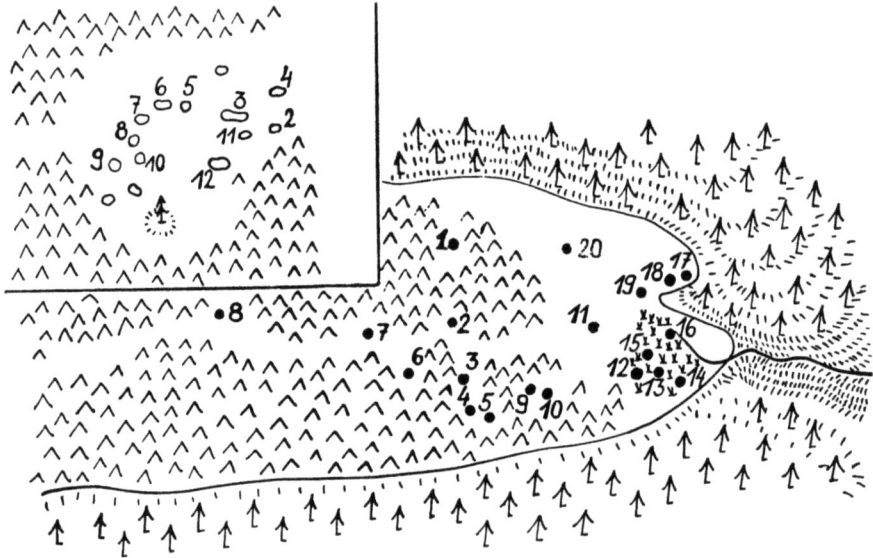

Abb. 1. Lungau, Moor II.

gilt auch für die Ergebnisse einer Untersuchung, die eine vollständige Aufnahme der Algen aller Schlenken oder Teilschlenken eines wenige Quadratmeter großen Areals des Moores zur Aufgabe hatte.) Im folgenden soll die Mikroflora der in der Karte eingezeichneten Schlenken des ganzen Moores und ihre Eigenart bzw. Zonenzugehörigkeit besprochen werden.

Standort 1 ist eine Schlenke am Moorrand. Eine Auswahl der häufigsten und wesentlichsten Algen sind: *Eudorina elegans* 3 (Abundanzgrad), *Phacus pleuronectes* 1, *Spirogyra* sp. 1, *Penium spirostriolatum* 1, *Tetmemorus granulatus* 2, *Cosmarium margaritatum* 2, *Euastrum oblongum* 1, *Closterium Dianae* 1, *Cymbella gracilis* 2, *Euglena intermedia* 2. *Arcella vulgaris* und *Cyclops* sp.

dürften den ökologischen Charakter, der mehr dem Flachmoor zuneigt, unterstreichen. Standort 2 ist eine Schlenke mit Algen der Zone C, deren Wasser p_H 5,2 hat. Am wesentlichsten sind *Aphanothece saxicola* 2, *Hapalosiphon fontinalis* 2, *Navicula subtilissima* 2, *Pinnularia viridis* 2, *Closterium striolatum* 4, *Closterium juncidum* 2, *Euastrum oblongum* 1, *Euastrum sinuosum*, *Euastrum affine*, *Micrasterias truncata* 2, *Micrasterias rotata* und *denticulata* 2, *Micrasterias papillifera* und *Cosmarium pseudopyramidatum* 2. Standort 3 mit p_H 5,3 zeigt im wesentlichen die gleichen Arten, nur ist *Micrasterias denticulata* weitaus häufiger. Zwei *Rhizopoden (Difflugia bacillifera* und *Centropyxis aculeata)* sind in 3 und 2 häufig, letztere ist in der Zone A überaus zahlreich.

Die Standorte 4, 6, 7 und 8 sind typische Beispiele für Algengesellschaften der Zone A. Die p_H-Werte sind für 4 = 4,7, 6 = 4,8, 7 = 5,0, 8 = 5,0. Eine dieser Standortspopulationen ist in der allgemeinen Tabelle dargestellt. Da aber die Gesellschaften keine nennenswerten Unterschiede zeigen, soll hier auch auf die Wiedergabe einer Auswahl verzichtet werden. Die Tierwelt zeichnet sich durch besondere Häufigkeit von *Nebela collaris* und *militaris* und *Macrobiotus annulatus* aus. Standort 5 ist, wie die Karte zeigt, schon weiter entfernt vom Areal der Zone A. Trotz des ähnlichen p_H-Wertes (4,8—5,0) findet sich hier eine Gesellschaft der Zone B, die auch in den Tabellen wiedergegeben ist. *Arcella discina*, die auch in A vorkommt, ist hier am häufigsten zu finden. Die Mikroflora des Gebietes um 9 und 10 wird später noch genauer besprochen. Die Population von 9 scheint in den Tabellen auf und zeigt gegenüber 10 keine wesentlichen Unterschiede, beide gehören zur Zone C, unterscheiden sich jedoch vom Standort 3 durch reichlicheres Vorkommen von *Micrasterias rotata* und *denticulata*. Die Zone E erkennen wir im Artenbestand der Schlenke 11 (p_H 5,6), der auch in den Tabellen aufscheint. *Micrasterias americana* findet sich in fast allen untersuchten Mooren des Lungaus, und zwar in Gewässern jener Flächen, die ein allmähliches Überwiegen der Flachmoor- und Sauerwiesenvegetation zeigen. Standort 16 am Rand des *Carex-rostrata*-Areals (p_H 5,8) zeigt im wesentlichen die Flora von 11, es fehlt jedoch *Euastrum oblongum*, während *Spirogyra* sp., *Cosmarium Debaryi*, *C. tetraophtalmum* und *Closterium rostratum* neu hinzukommen. 12, 13, 14 (alle p_H 5,0—5,2) stellen, nach ihrer Algenflora zu schließen, Teilbiotope der Zone C dar. 12 weicht vom üblichen Artenbestand durch das Vorkommen von *Pleurotaenium nodulosum* ab, desgleichen 14 durch *Closterium rostratum* und *Penium spirostriolatum*. *Closterium rostratum* findet sich auch im Standort 15, der, abgesehen von *Micrasterias ameri-*

cana, welches hier fehlt, mit 16 viele wesentliche Arten gemeinsam hat. *Closterium rostratum* kommt in den meisten Lachen, auch in hier nicht angeführten, am Ostrand des Moores vor; in einigen winzigen Lachen sogar in Reinkultur. Im Nordosten des Moores liegen viele kleine Schlenken, denen 19 und 20 angehören. 17 und 18 liegen bereits im Gebiet der Flachmoorvegetation. 19 und 20 (p_H 6,0) zeigen im wesentlichen die gleiche Mikroflora. In 20 ist allerdings *Euastrum affine* und *sinuosum* (beide Abundanz 3) reichlicher. 19 a und 19 b in unmittelbarer Nähe von 19 (20—30 cm entfernt) zeigen letzterem gegenüber eigenartige Unterschiede. In 19 a erreicht *Closterium Lunula* den hohen Abundanzgrad 3—4, in 19 b ist *Closterium rostratum* häufiger zu finden, als es zu erwarten wäre. Standort 18 enthält fast eine Reinkultur von *Closterium rostratum* neben wenigen Individuen anderer Arten, wie *Pinnularien*, *Eunotien*, *Eucocconeis lapponica*, *Nitzschia paleacea* und *Penium spirostriolatum*. *Penium spirostriolatum* kommt, wenn auch selten, in 17 vor (p_H 5,8), einer kleinen Lache, welche man als den „Flagellatenstandort" des Moores bezeichnen könnte. Folgende kurze Liste möge die wesentlichsten Formen zeigen. *Euglena intermedia* 3—4, *Euglena* vgl. *olivacea* 2, *Cryptomonas nasuta* 2, *Trachelomonas volvocina* 2, *Trachelomonas obovata* 2, *Gymnodinium* vgl. *paradoxum* 2, *Peridinium cinctum* 1, *Synura uvella* 2, *Pyramidomonas montana* 3, *Chlamydomonas* sp. sp. 3, *Pinnularia viridis* 2, *Pinnularia gibba* 2, *Eunotia paludosa* 1, *Eunotia arcus* 1, *Nitzschia palea* 1, *Eucocconeis lapponica* 1, *Roya obtusa* 1.

Als Ergänzung sei noch ganz kurz die Verteilung der Teilbiotope gezeigt. Auf einer Fläche von ungefähr 9 m² wurden Proben aus den innerhalb der Fläche befindlichen 14 Standorten entnommen, die auf der Karte b wiedergegeben sind. Die Algengesellschaften dieser kleinen Schlenken weichen vom Zonentypus, der in den Tabellen wiedergegeben ist, so wenig ab, daß es hier genügt, die entsprechende Zone und eventuelle Besonderheiten des Teilbiotops anzugeben. Eine kleine Tabelle möge die Verhältnisse veranschaulichen.

Standort	Zone	Algologische Eigenheit des Standortes (Algen, die innerhalb des 9 m² großen Areals nur im betreffenden Standort zu finden sind).
2	C	*Microcoleus subtorulosus, Spirotaenia condensata*
3	C	*Xanthidium cristatum* (jedoch selten)
4	C	—
5	C	—
6	C	*Microcoleus subtorulosus*
7	B	*Zygogonium ericetorum* (in Massen)
8	C	*Closterium didymothocum*
9	C	*Penium spirostriolatum*

Standort	Zone	Algologische Eigenheit des Standortes (Algen, die innerhalb des 9 m² großen Areals nur im betreffenden Standort zu finden sind).
10	C	*Penium margaritaceum, Cosmarium reniforme, Spirotaenia condensata*
11	C	—
12	A	—
13	B	—
14	A	*Tetmemorus laevis* (mit Abundanz 3—4)
15	A	—

Die übrigen Lungauer Moore, deren Algenflora schon geschildert wurde (L o u b 1953), sollen nur soweit besprochen werden, wie dies für die Algenzonierung von Bedeutung ist. Die Bezeichnung der Moore mit I—VII entspricht der Bezeichnung in L o u b (1953).

Das Moor I liegt auf einer Hangverflachung südlich der Überlingalm (Moorkommis. Moor 262—64). Die Elemente der Hochmoorflora nehmen von Osten gegen Westen zu immer mehr ab; im Westen verläuft das Moor bzw. Flachmoor in eine Sauerwiese. Im Osten entsprechen die ökologischen Verhältnisse der Schlenken (p_H 4,8—5,0 und Alkalinität 0,1—0,27) der Zone B, ebenso die Algenflora. Die Bülten im Pinusbestand sind auch zum Teil mit *Rhododendron* und *Juniperus nana* bedeckt. Dieses Areal zeigt zum Teil die Zone B in jener Form, die durch *Closterium striolatum* in großen Mengen ausgezeichnet ist. Daneben ist *Tetmemorus granulatus* überaus häufig, ja weiter im Osten, also näher dem Moorrand, in schon makroskopisch sichtbaren Massenkulturen vorhanden. Unter mehr als 10 Schlenken findet sich in diesem Bezirk, der näher dem Moorrand liegt und noch mit kümmerlichen *Picea*-Exemplaren bewachsen ist, nur eine Schlenke, in der sich *Xanthidium armatum* findet, dieses aber hier in großen Mengen. Diese *Xanthidium-armatum*-Schlenke unterscheidet sich von den „*Tetmemorus*-Schlenken" der nächsten Umgebung durch eine zwar geringe, aber deutlich unterscheidbare höhere Alkalinität. Die pinusfreie Moorfläche ungefähr in der Mitte zwischen östlichem und westlichem Moorrand gehört zum großen Teil zur Zone C. Diese Zone zeichnet sich hier durch *Micrasterias rotata* und *denticulata* aus, welche hier stets gemeinsam mit *Micrasterias papillifera*, wenn auch nicht in Massenvorkommen, zu finden sind. Die Cariceta im Westen umgeben Gewässer der Zone E, die hier durch das Vorkommen von *Micrasterias rotata* gekennzeichnet ist. Störungszonen u. dgl. konnten in diesem Moor nicht festgestellt werden. Die Zone A ist nicht in typischer Ausbildung zu finden, außerdem fehlt

Zone D und F. Die größte Fläche wird von der Zone B bedeckt, die auch mit ihren „*Tetmemorus*-Schlenken" für den allmählichen Übergang vom *Picea-Larix-* zum *Pinus*-Wald charakteristisch zu sein scheint.

Das Moor V (Moor 277 nach Moorkommission) ist ein „Muldenmoor", dessen riesige Schwingrasenbildungen ebenso wie die beiden Blänken seine Entstehung durch Seeverlandung beweisen. Diese Schwingrasenfläche entspricht in ihrer Makro- und Mikroflora der Zone A, in ihren dem Pinusgürtel näheren Teilen der Zone B. Wo die Mooroberfläche beim Betreten keine starken Schwingungen mehr zeigt, zeigen wenige Schlenken den Artenbestand der Zone C. Eine Fläche mit Flachmoorvegetation, die am Moorrand einen wenige Meter breiten Streifen entlang eines vorbeifließenden Baches umfaßt, enthielt Gewässer der Zone E mit *Micrasterias americana* und solche der Zone F mit *Desmidium Swartzii,* letztere besonders nahe am Bach.

Das Moor VI, ein Schwingrasenmoor am Südufer des Dürreneggsees, stellt eine Parallelerscheinung zum Moor V dar. Alle Schlenken dieses Schwingrasens werden nämlich von einer Gesellschaft der Zone A besiedelt, die in der Regel folgende Arten umfaßt: *Chroococcus turgidus, Anabaena* sp., *Hapalosiphon fontinalis, Pinnularia viridis* und *gibba, Chlamydomonas* sp., *Scenedesmus costatus, Oedogonium Itzigsohnii, Chlorobothrys regularis, Netrium digitus, Netrium oblongum, Cylindrocystis Brebissonii* und *minor, Mesotaenium chlamydosporum, Penium polymorphum, Penium exiguum, Tetmemorus laevis, Cosmarium cucurbita, Cryptomonas nasuta* und *ovata, Trachelomonas volvocina, Euglena deses, Gloeodinium montanum, Staurastrum scabrum, Arthrodesmus incus*.

Das Moor VII (Wirtsalm), östlich des Prebersees, zeigt im wesentlichen den für die Lungauer Moore typischen Aufbau. Das Hochmoor im engeren Sinn mit *Sphagnum-magellanicum-* und *Sphagnum-fuscum*-Bülten zeigt in seinen Schlenken, soweit solche vorhanden, die Algen der Zone A. Am Nordrand und ebenso im Südosten gegen einen *Carex-rostrata*-Sumpf zu findet sich ein schmaler Streifen mit dem Algenbestand der Zone E (besonders *Pleurotaenien*) und der Zone F (*Euastrum verrucosum*).

Bezüglich der Moore auf der Gerlosplatte verweisen wir auf die Arbeit von Höfler und Loub (1952), die genauere Angaben über die Flora enthält. Der größte Teil des Gerlosmoores gehört nach seiner Makro- und Mikroflora der Zone A an. Diese zeichnet sich hier durch besondere Häufigkeit von *Penium exiguum* (in keinem anderen Moor in solchen Massen gefunden), *Staurastrum scabrum, Staurastrum inconspicuum, Cosmarium cucurbita* und *pseudopyramidatum* aus. In der Zone B findet sich neben mehreren häufigen *Euastren*, wenn auch spärlich, *Closterium striolatum*; auch *Cosmarium Ralfsii* findet sich hier und in Zone A. Es ist das einzige größere *Cosmarium* der beiden Zonen. Die Zone B nimmt im Gerlosmoor verschiedene Streifen entlang des *Pinus-mugo*-Bestandes ein, unter anderem auch einen *Carex-rostrata*-Sumpf mit *Eriophorum*-Bülten. Das Fehlen von *Aphanothece*-Arten auf der ganzen untersuchten Moorfläche zeigt außerdem die ungeheure Ausdehnung der Zonen B und A. Erst um die Torfstiche im Südosten des Moores konnten Gewässer mit Algen aus den Zonen C bis F gefunden werden.

Einige kleinere Moore am Ostabfall der Gerlosplatte wurden ebenfalls untersucht. Die Schlenken dieser Moore enthielten durchwegs Algengesellschaften der Zonen A und B. Die Zone A war auf einige Stellen mit anscheinend größerer Torfmächtigkeit beschränkt, während die Zone B sogar kleine Schwingrasenbildungen umfaßte. Ein Beispiel aus einer solchen B-Zone ist in die Tabellen aufgenommen. *Closterium striolatum* und *Eremosphaera viridis* sind in vielen Schlenken in ungeheuren Massen vorhanden; besonders *Closterium striolatum* unterstreicht hier den Zonencharakter. *Microcystis* und *Aphanothecen* fehlen anscheinend auch in diesem Moor. Eine Eigentümlichkeit der Zone A scheint hier das massenhafte Vorkommen von *Microspora tumidula* in manchen Schlenken zu sein.

Von den Pinzgauer Tälern nördlich der Salzach soll hier dem Trattenbachtal besondere Beachtung geschenkt werden. Vom Fuße des Speikkogels bis über die Tiroler Landesgrenze zieht sich ein Komplex von Mooren, der vom Trattenbach durchflossen wird und stellenweise die ganze Talsohle erfüllt. Die Moorvegetation, besonders aber die *Sphagnen*, lassen eine genaue Oberflächenabgrenzung der Moore nicht zu, da sie weit über das eigentliche Moor hinaus das Gestein bedecken. So finden sich hier Standorte, die im Kapitel „Anmooriges Gelände" besprochen werden sollen. Anmooriges Gelände, und zwar mit Flachmoorvegetation, finden wir auch am Eingang des Tales im Süden. Die meisten dieser Moore zeigen Schlenkenmikrovegetationen der Zonen A und B. Das Moor nördlich der Landesgrenze läßt durch stellenweise noch dünnen Schwingrasen seine Entstehung aus einem kleinen verlandeten See erkennen. Seine Schlenkenpopulationen sind fast alle Gesellschaften der Zone A, nur einige am Moorrand gehören zur Zone B, was aus dem oft überaus reichlichen Vorkommen von *Xanthidium armatum* hervorgeht, neben dem sich noch *Closterium striolatum* in weit geringerer Individuenzahl findet. Die anderen Moore zeigen zwar keine Schwingrasenbildungen aber die gleiche Zonierung. Nur das Moor im Trattenbachtal, an der Paßhöhe gegen Tirol (K o - p e t z k y - R e c h t p e r g, 1952, Nr. 77, S. 256), hat Standorte mit Algengesellschaften der Zone C und F aufzuweisen, und zwar mehr gegen den Rand zu. Die Zone B beherbergt neben *Cosmarium Ralfsii* und individuenreichen Populationen von *Euastren* auch in mehreren Standorten *Xanthidium armatum* in reichlichen Mengen. Die Zone C sticht auch hier durch Individuenreichtum von *Micrasterias rotata* ab, die Zone F durch *Desmidium Swartzii* und *Pleurotaenium nodulosum*. In den Tabellen wird eine Artenliste einer Schlenke aus der Zone B aus diesem Moor wiedergegeben.

Das letzte und südlichste Moor dieser Serie, eigentlich zum größten Teil anmooriges Gelände, zeigt wieder nur Gesellschaften der Zone A.

Die Feststellung der Zonierungsverhältnisse dieser Moore soll natürlich noch keine endgültige sein, da eine Zahl von 15 bis 20 Standorten oder Sammelstellen pro Moor für eine endgültige Beurteilung nach unserer Ansicht nicht ausreicht. Es kann jedoch angenommen werden, daß auch eine genauere Aufsammlung keine besonderen Änderungen in der oben geschilderten Zonierung zeigen wird.

Ein kurzer Blick sei noch auf die Moore Kärntens in der Umgebung von Steuerberg und Moosburg geworfen. Während die Schwingrasenbildungen im Lungau (Moor V und Dürreneggsee), in den Mooren der Gerlosplatte und im Trattenbachtal nur Schlenken der Zone A und B·trugen, finden wir im nördlichen Schwingrasen des Gogausees fast eine Parallele zum Lunzer Obersee- oder zum Hechtensee-Schwingrasen; es sind nämlich, abgesehen von D, hier alle Zonen vorhanden. Die Schlenken der Zone A liegen nicht mehr innerhalb des schwingenden Bezirks und am weitesten vom Seerand entfernt. Ihr p_H beträgt 4,5, die häufigsten Arten sind *Cylindrocystis Brebissonii* und *minor, Netrium digitus, Cosmarium cucurbita, Anabaena lapponica, Chroococcus turgidus, Cryptomonas tenuis* und *ovata*. Im Schwingrasenbereich selbst, dem der beträchtliche Bauwert von *Equisetum* an vielen Stellen eigentümlich ist, liegen die Gewässer der Zonen C bis F. Am landseitigen Schwingrasenrand (jenem der nicht an die Zone A, sondern direkt an das Ufer stößt) liegen seichte Lachen mit Algengesellschaften der Zone F (Typ a). Die Zone E schließt sich mit Schlenken, deren Wasser im allgemeinen p_H 5,2 hat, an. Nur im Zentrum des Schwingrasens findet sich eine Stelle mit Algengesellschaften der Zone B, die unter anderem besonders am reichlichen Vorkommen von *Closterium striolatum* zu erkennen ist. Gegen den Seerand sticht eine Zone besonders durch Massen von

Trichophorum vom übrigen Moor ab. In dieser Fläche liegen Schlenken, die wesentliche Elemente des Artenbestandes der Zone C zeigen und deren Wasser im allgemeinen p_H 4,8 hat.

Die Gesellschaft der Schlenken der Zone E, die sich in diesem Gebiet durch Individuenreichtum von *Micrasterias apiculata* auszeichnet, ist ebenso wie im Schwingrasenmoor im Norden auch in einer kleineren Moorfläche im Süden des Gogausees besonders schön ausgeprägt. In diesem Areal findet sich ein Artenbestand von Algen, der in den Tabellen mit Zone „r" bezeichnet ist und auf den bei Besprechung des Mitterndorfer Hochmoores noch hinzuweisen sein wird.

Die Flachmoore nördlich Moosburg bei St. Martin sind im Sommer fast ganz ausgetrocknet. Nur in einem Torfstich und dessen nächster Umgebung fanden sich noch einige Lachen. Diese Lachen zeigen, obwohl sie eigentlich Flachmoorgewässer sind (p_H um 6,5), eine diatomeenreiche Mikroflora, die fast nur Süßwasserformen enthält. Die wenigen Desmidiaceen dieser Standorte sind für neutrales Süßwasser charakteristisch. Dieser Artenbestand, der sich auch in den unter Wasser stehenden Teilen des Torfstichs findet, wurde schon im 2. Kapitel als Gesellschaft der Zone F, Typ c, bezeichnet. Die Mikroflora eines Standortes wurde in die Tabellen aufgenommen, da sie einen eigenartigen Gegensatz zum desmidiaceenreichen Flachmoor darstellt.

Alle bisher besprochenen Moore liegen in den Zentralalpen und haben Urgestein, Glimmerschiefer, Phyllite oder Moränenschotter als Unterlage. Die im folgenden zu schildernden Moore liegen in den Kalkalpen oder in den Kalkvoralpen. Zuerst sollen einige Moore nahe der Bahnlinie Aussee—Mitterndorf—Selzthal kurz betrachtet werden. Diese Moore weisen zum Teil größere frische Torfstiche und Abzugsgräben auf und sind an manchen Stellen schon abgetorft. Große Flächen dieser Moore sind auch auf verschiedene Weise landwirtschaftlicher Nutzung zugeführt. Dadurch werden neben der ursprünglichen Makroflora auch viele Algenstandorte zerstört. Daher sollen die Moore nördlich des Ödensees (die noch erhaltenen Standorte zeigen Gesellschaften der Zone A oder Massenvorkommen von *Mesotaenium*) sowie die Flachmoore bei Wörschach, Liezen und um Selzthal nicht in diese Betrachtung einbezogen werden. Bemerkenswert wäre hier nur eine schöne Ausbildung einer Zone C bei Selzthal mit *Micrasterias denticulata* 4, *rotata* 3, *crenata* 1.

Im Hochmoor südlich von Knoppen, das zum großen Teil von *Pinus mugo* bedeckt wird, zeigen alle Schlenken Algengesellschaften der Zone A. Eine von ihnen ist in den Tabellen wiedergegeben. Dieses Moor könnte eine Parallele zum Rotmoos bei Lunz bilden, das ebenfalls aus der Zone A besteht (vorderes Rotmoos).

1 km östlich der Station Pichl (zwischen Aussee und Knoppen) liegt ein in der Moorkarte eingezeichnetes Hochmoor. Das Moorzentrum bedeckt ein *Pinus-mugo*-Bestand, welcher ungefähr die Grenzen des Areals der Zone A angibt. Die kleinen Schlenken innerhalb dieser Fläche zeigen außer dem wesentlichen Artenbestand dieser Zone und einer stellenweisen Häufung von *Zygogonium ericetorum* nichts Bemerkenswertes. Die Zone B scheint einen mehrere Meter breiten Gürtel um diesen Latschenwald zu bilden. In einer dieser Schlenken der B-Zone fand sich *Xanthidium armatum* ziemlich zahlreich, während sie sich sonst durch reichliches Vorkommen von *Closterium striolatum* auszeichnen. Eigentümlich ist in diesem Bezirk nur ein etwas tieferer grabenartiger Standort in dem *Dinobryen* vorkommen. Merkwürdig sind in diesem Moor Standorte der Zone F mit *Desmidium quadratum* und *coarctatum,* nur wenige Meter vom nördlichen Pinusrand. Vielleicht auch durch diese Nähe bedingt, enthalten sie viele Arten der fast unmittelbar angrenzenden Zone B, wie dies aus den Tabellen (Spalte 21) ersichtlich ist.

Am interessantesten ist das Hochmoor südlich Mitterndorf, das zur Zeit der Untersuchung noch nicht durch Kultivierungsmaßnahmen zerstört war. Auch dieses Moor ist zum größten Teil mit Latschen bedeckt. In diesem Pinuswald und an seinem Nordrand liegen die Schlenken der Zone A, deren Arten im wesentlichen die des Moores von Knoppen sind. 2—5 Meter vom Pinusrand entfernt liegen in einem bis 4 m breiten Streifen die Schlenken der Zone B, in der jedoch hier *Closterium striolatum* weit seltener ist als *Closterium juncidum*. Die Zone C schließt mit einem viele Meter breiten Geländestreifen an. *Micrasterias denticulata* ist in den meisten Standorten selten, *Euastrum oblongum* und *Aphanothece*-Arten sind weit zahlreicher vertreten; unter diesen *Aphanothece castagnei.* Der Nordostrand des Moores wird von einem in Richtung Nordost fließenden Bach gebildet. Entlang des Baches findet sich in vielen Standorten eine Mikroflora von flachmoorartigem Charakter. Auch am Rand des Gerlosmoores wurde eine solche Algengesellschaft gefunden (Zone „r").

Eine Auswahl der wichtigsten Arten aus einem dieser Standorte wurde neben einem ähnlichen Artenbestand aus dem südlichen Gogauseemoor in die Tabellen aufgenommen (Spalte 22, 23).

Von den Mooren in der Umgebung von Windischgarsten soll nur ein Moorkomplex nordöstlich von Teichl betrachtet werden. Dieser wird von der Bahn Windischgarsten—St. Pankraz—Linz in einen nordöstlichen und einen südwestlichen Teil getrennt. Der nordöstliche Teil zeigt, umgeben vom Hochwald, typische Hochmoorvegetation, wobei die Moorfläche von einem lichten *Pinus-mugo*-Bestand bedeckt ist. Zwischen den Latschen finden sich zahlreiche kleine Schlenken, die alle Mikroflora der Zone A zeigen, ähnlich wie im Moor bei Knoppen. Ein solcher Artenbestand ist auch in den Tabellen (Spalte 3) zu finden. Der andere Teil des Moorkomplexes südlich des Bahndammes zeigt, umgeben von einem Gürtel von *Picea*- und *Pinus-silvestris*-Hochwald, eine größere baumfreie Sphagnumfläche, in der sich nur einzelne Kümmerexemplare von Pinus befinden. Die Schlenken, meist zu Komplexen vereinigt, sind oft 30 bis 35 cm tief. In den seichteren Schlenken findet sich eine Gesellschaft der B-Zone (durch reichliches Vorkommen von *Closterium striolatum* gekennzeichnet), die hier keine Besonderheiten zeigt. In den tieferen Schlenken finden sich Artenbestände der Zone C, von denen einige durch Vorkommen von *Penium spirostriolatum* und *Apiocystis Braunii* für dieses Moor eigentümlich zu sein scheinen. Eine Artenliste eines dieser Standorte sei daher hier kurz wiedergegeben. Die Zahlen neben dem Artnamen geben wieder den Abundanzgrad an.

Aphanothece stagnina 2, *A. saxicola* 2, *Chroococcus turgidus* 2, *Synechococcus aeruginosus* 1, *Merismopedia glauca* 1, *Anabaena* sp. 1, *Phormidium* vgl. *Rotheanum* 1, *Frustulia saxonica* 2, *Pinnularia microstauron* 1, *Cymbella gracilis* 2, *C. aequalis* 1, *Chlamydomonas* sp. sp. 2, *Apiocystis Braunii* 1, *Eremosphaera viridis* 2, *Oocystis solitaria* 1, *O. elliptica* 1, *O. crassa* 1, *Scenedesmus costatus* 3, *S. acutiformis* 2, *S. bijugatus* 2, *Coelastrum proboscideum* 4, *Botryococcus Braunii* 1, *Chlorobotrys regularis* 2, *Netrium digitus* 2, *Penium cylindrus* 2, *Penium spirostriolatum* 2, *Penium polymorphum* 1, *Closterium cynthia* 1, *Cl. didymotocum* 2, *Cl. angustatum* 2, *Cl. striolatum* 2, *Cl. intermedium* 1—2, *Tetmemorus Brebissonii* 1, *T. laevis* 1, *T. granulatus* 2—3, *Euastrum oblongum* 2, *E. didelta* 2, *E. insulare* 1, *E. sinuosum* 1, *Micrasterias truncata* 1, *M. crenata* 2, *M. rotata* 1, *M. denticulata* 2, *Cosmarium pachydermum* 1, *C. viride* 1, *C. pyramidatum* 1, *C. pseudopyramidatum* 2, *C. cucurbita* 1, *C. Menenghinii* 2, *C. Portianum* 2, *C. nasutum* 1, *Staurastrum teliferum* 2, *St. striolatum* 2, *St. margaritaceum* 1, *St. furcigerum* 1, *Zygnema* sp. 1—2, *Ochromonas* sp. 1, *Trachelomonas volvocina* 2, *Peridinium* vgl. *inconspicuum* 1, *Peridinium umbonatum* 1.

Auch in den Kalkvoralpen wurden einige Moore in bezug auf ihre Mikroflora und Zonierung untersucht. Vier von ihnen sollen kurz besprochen werden.

Östlich von Göstling liegt in einer Mulde südwestlich des Sonnensteins das Leckermoos. Es ist ein typisches Hochmoor mit einem kleinen Torfstich neueren Datums. Die Schlenken und Schlenkenkomplexe zwischen den Bülten aus Hochmoorsphagnen zeigen nur Algengesellschaften der Zone A, und zwar fast alle den gleichen Artenbestand. Eine dieser Populationen ist in den Tabellen (Spalte 4) wiedergegeben. Diese Ausdehnung der Zone A, die auch in den Mooren von Knoppen und Teichl zu beobachten ist, findet sich auch im vorderen Rotmoos bei Lunz wieder.

Auf die biozönotischen Verhältnisse im vorderen Rotmoos wurde schon im 3. Kapitel hingewiesen. Seine Schlenken, von denen ungefähr 28 untersucht wurden, zeigen alle einen Artenbestand der Zone A, wie er in einem Beispiel in den Tabellen wiedergegeben wird. Im hinteren Rotmoos finden sich auch Standorte der Zonen B und C.

Durch einen kleinen Höhenrücken wird dieser Moorzug des Rotmooses vom Obersee getrennt, von dessen Süd- und Nordufer ein Schwingrasenmoor vorstößt. Nach G a m s (1927) und R e d i n g e r (1934) wird dieser Schwingrasen mehr gegen das Land und nicht so sehr gegen den See hin in seiner Torfmächtigkeit geringer. Dies dürfte auch die Ursache sein, daß wir im Westen zwischen der Landseite und dem großen Schwingrasenloch eine Stelle schwächster „Süßwassereinwirkung" und eine Schlenke mit dem Algenbestand einer Schlenke der Zone A bzw. eines typischen Standortes des vorderen Rotmoos finden. Weit charakteristischer sind zahlreiche Schlenken mit einer Algenflora der Zone C, die hier wie auch in einem Teil des Hechtenseemoores die mächtigste ist. Die Zone F ist hier durch zwei Typen vertreten, den Desmidiumtyp, der sich in Schlenken findet, und den Zygnemalentyp, der hier, soweit die Beobachtungen reichen, auf die Schwingrasenränder beschränkt ist. Beispiele der Zone C und F scheinen in den Tabellen auf.

Der Hechtensee liegt zwischen Neuhaus und dem Erlaufsee, und zwar am Fuße des Zellerains, direkt an der Straße von Neuhaus zum Erlaufsee. Das Moor zwischen der Straße und dem See ist ein „totes" Hochmoor ohne nennenswerte Schlenkenbildung. Der Gegenstand unserer Betrachtung soll das Schwingrasenmoor sein, das vom Ost-, Süd- und Westufer gegen den Hechtensee vorstößt. Bezüglich der Makroflora kann hier auf Z u m p f e verwiesen werden (1929). Die algologischen Verhältnisse sind denen des Oberseeschwingrasens bei Lunz sehr ähnlich. Unter ungefähr 15 Standorten im östlichen Schwingrasenteil sind nur zwei Schlenken, die Algengesellschaften der Zone A und B enthalten. Sie liegen zwischen kleinen Bülten und sind von *Sphagnum magellanicum* umrahmt. Außerdem zeigten beide die ihrer Zone entsprechenden (und in ihrer Umgebung niedrigsten) p_H-Werte. Die meisten der übrigen Schlenken des Schwingrasens gehören, vor allem nach ihrer Mikroflora zu schließen, zur Zone C. In Schlenken, die näher am Seerand liegen (es sind dies nur wenige, eine von 7—10 höchstens), findet sich eine Flora, die auf Grund verschiedener Eigentümlichkeiten, die aus den Tabellen zu ersehen sind und die schon erwähnt wurden, Anlaß zur Festlegung einer eigenen Zone gibt. Die Zone F findet sich hier, wie am Oberseeschwingrasen bei Lunz, am Seerand des Schwingrasens. Die flachen kleinen Schlenken dieser Zone scheinen sogar mitunter mit dem See selbst in Verbindung zu stehen bzw. Seewasser aufzunehmen. Wir finden hier ebenfalls den Desmidiumtyp und den Zygnemalentyp vertreten. Eigentümlich scheint unter anderem *Gloeotaenium* zu sein, das sich auch, allerdings selten, am Lunzer Obersee findet.

Sekundärstandorte.

Im vorigen Abschnitt wurde die Zonierung der Algenwelt in verschiedenen Mooren besprochen. Die Standorte, die dabei berücksichtigt wurden, gehören jedoch ausschließlich dem Schlenkentypus an.

Die im folgenden besprochenen Standorte können schon durch ihre geringe Zahl, ihre Artenbestände und ihre oft unnatürliche Entstehung nicht als Grundlage einer natürlichen algologischen Zonierung dienen.

1. Blänken.

Diese Gewässer zeichnen sich den Schlenken gegenüber vor allem durch eine größere Tiefe und das Hinzukommen des Planktonlebensraumes aus. Das Hinzukommen verschiedener „Planktonorganismen" sowie das Fehlen einer den Schlenken entsprechenden Bodenflora, gestaltet die Einordnung der Blänken in die algologischen Zonen schwieriger. Im Plankton der Blänken finden sich besonders häufig *Staurastrum cingulum, St. Lütkemülleri, St. inconspicuum* (z. B. „Seeaugen" im Lungauer Moor V, meiste Blänken des Gerlosplattenhauptmoores, Tintenlacke des Rotmooses). Daneben werden jedoch immer wieder Organismen vom Blänkenrand in den Planktonraum getrieben, die nicht als Planktonalgen bezeichnet werden können (etwa größere Desmidiaceen). Chrysophyceen und Flagellatenplankton konnten im Laufe der Untersuchungen nicht festgestellt werden, da diese nur den Hochsommeraspekt der Blänken erfaßten. Sehr deutlich zeigt auch die

Crustaceebevölkerung die Blänkeneigenart; *Daphnia longispina*, *Heterocope saliens* und *Chydorus sphaericus* waren durchaus nicht selten, *Daphnia* im Gerlosmoor sogar dominant. Die beiden ersten Arten finden sich in den Schlenken der Umgebung nicht, die dritte ebenfalls nicht, wenn die Schlenken der Umgebung zur A-Zone gehören, wie das im Lungauer Moor V der Fall war. Im Gerlosmoor finden sich am Rand der Blänken auch einige Algen, die sonst im Hochmoor fehlen; u. a. *Coelastrum verrucosum, Binuclearia tatrana, Penium spirostriolatum, Spondylosium pulchellum* und *Batrachospermum*. Entsprechend schlenkenspezifisch sind für die Zone A des Moores V im Lungau *Docidium undulatum* und *Xanthidium armatum*. (Letzteres kommt allerdings auch in den von der Blänke weit entfernten Schlenken der Zone B vor.) Eigenartig für das „Blänkenlitoral" sind noch *Oedogonien*-Watten, die sich in allen untersuchten Hochmoorblänken finden. Wurden hier auch die Eigenheiten der Blänken gezeigt, so demonstrieren doch die übrigen Algen des Litorals am Rand der Blänke zwischen *Sphagnen* und *Carex*-Halmen die Verbundenheit des Gewässers mit der umgebenden algologischen Zone. Nach den bisherigen Beobachtungen sind dies Algen der Zonen A und B. Auch die chemischen Verhältnisse des Wassers, die den Gegebenheiten der Zone A und B entsprechen, zeigen diese Verbundenheit.

2. Torfstiche.

Schon durch die unnatürliche Entstehung dieser Standorte wird die natürliche Relation zwischen der Torfmächtigkeit, dem Trophiegrad und der Lage des Standortes im Moor gestört. Meist liegen die Torfstiche am Rand eines Moores, und ihre Umgebung können Zwischen- und Flachmoorzonen bilden. Beispiele dafür bieten die Torfstiche im Hochmoor auf der Gerlosplatte. Algen wie *Desmidium Swartzii, D. coarctatum, D. quadratum, Micrasterias rotata, M. papillifera, Closterium Lunula, C. didymotocum, C. gracile, Euastrum oblongum, E. verrucosum, Cosmarium botrytis, Staurastrum striolatum* und *St. pileolatum* weisen deutlich auf Beziehungen zu den Zonen C, E und F (Typ a) hin. Besonders bemerkenswert erscheint noch das Vorkommen einer Gesellschaft von Algen mit *Rhopalodia gibba* (Zone „r" am Gogausee und in Mitterndorf) an dem vom Moor entfernten Rand eines dieser Torfstiche in einem Carexsumpf.

Der Torfstich des Hochmoores bei Göstling (Leckermoor) liegt zwischen Schlenken der Zone A. Einige makroskopisch sichtbare *Mesotaenium*-Gallerten auf dem feuchten, nackten Torfuntergrund waren die ganze Vegetation des Stiches.

Ein ganz anderes Bild bieten die Algengesellschaften aus einem Flachmoortorfstich im Faschinger Moor in Kärnten. Über dem an sich nackten Torfgrund des Stiches, der mit Wasser gefüllt ist, schwimmen dichte Conjugatenwatten. Teils auf dem Flachmoortorf, teils in den Watten sind jene Diatomeen und wenigen Desmidiaceen zu finden, die auch in den Tabellen (Spalte 24) zu sehen sind. Ein Teil des Torfstichs, der mit Schilf bewachsen ist, zeigt die gleiche Vegetation wie der schiflose. Auch eine Lache außerhalb des Stiches im Flachmoor, deren Artenbestand aus der Tabelle zu ersehen ist, zeigt die gleiche Algenflora. Der Unterschied zwischen dieser Algenflora und jener aus den Torfstichen des Gerlosmoores drückt sich schon in den p_H-Werten deutlich aus: Fasching 6,5—6,7; Gerlos 5,6.

3. Gräben.

Jene Standorte, die hier als Gräben bezeichnet werden, sind zwar wie die Torfstiche künstlich entstanden, unterscheiden sich jedoch von letzteren meist durch geringere Tiefe und höheren Wasserstand. Es sind jedoch zwei Arten von Gräben zu unterscheiden, erstens solche mit fließendem und dann jene mit stehendem Wasser, welche am besten mit „langgezogenen Miniaturblänken" zu vergleichen wären.

Am Rande des Gerlosmoores liegt ein Graben, der mit einem der Torfstiche in Verbindung steht. Das Wasser fließt nur in der Mitte und auch hier nur sehr langsam. Wo es über mineralischem Untergrund steht, findet sich neben großen Mengen von *Draparnaldia plumosa* und von *Oedogonien* auch *Nostoc paludosum*, *Pinnularien* und *Nitzschien*. In der Nähe des Torfstiches jedoch, wo das Wasser über Torf steht, sieht die Mikroflora anders aus: die häufigsten Formen sind hier *Desmidium quadratum*, *Oedogonium* sp. sp., *Ulothrix*, *Sorastrum bidentatum*, *Staurastrum striolatum*.

Eigenartig ist die Flora in den Abzugsgräben des Hochmoores nördlich des Ödensees. Sie besteht hier ausschließlich aus *Mesotaenium*-Anhäufungen und Watten von *Microspora* vgl. *stagnorum*.

Ein kurzes Grabenstück im Moor von Pichl (mit stehendem Wasser) läßt sich, wie schon angedeutet, am ehesten mit einer langen Miniaturblänke vergleichen. Das Grabenstück war 3—4 m lang, 40—50 cm tief und ebenso breit. Die häufigsten Formen und ihr Abundanzgrad sollen hier angegeben werden: *Dinobryon sertularia* 3, *D. eurystoma* 2, *Synura uvella* 2, *Gymnodinium* sp. 2, *Chroococcus turgidus* 2, *Synechococcus aeruginosus* 2, *Oocystis crassa* 2, *Ulothrix subtilissima* 2, *Microspora tumidula* 2, *Stau-*

rastrum brachycerum 3, *St. margaritaceum* 2; außerdem noch viele Formen der Zone A mit Abundanzgrad 1.

Ein kurzes Grabenstück, ungefähr 2 m lang, 40 cm breit und ebenso tief am Rande des Hochmoores bei Mitterndorf in der Nähe des Baches enthielt jenen Artenbestand, dessen wichtigste Formen in der Tabelle (Spalte 22) angegeben sind und der als Zone „r" bei der Schilderung des Gogauseemoores und des Mitterndorfer Moores besprochen wurde.

4. Standorte, die sich durch chemische Besonderheiten auszeichnen.

Hier sei kurz auf jene Standorte hingewiesen, die sich zwar habituell und in der Flora ihrer Umrahmung nicht von anderen Standorten der entsprechenden Zone unterscheiden, wohl aber durch Abweichungen im Wasserchemismus und in der Mikroflora. In den folgenden zwei Beispielen soll gezeigt werden, daß die Anreicherung gewisser Stoffe für das Vorkommen bestimmter Algen einen Faktor limitans im negativen und positiven Sinn darstellen kann.

Obwohl im Hochmoor im Sommer *Eugleninen* nicht sehr häufig sind, konnte Höfler in einem kleinen Tümpel am Rand des Gerlosmoores trotzdem Massenvegetation von *Trachelomonas volvocina* und *Euglena acus* finden. Die Ursache dürfte wohl die überaus starke Düngung dieses Gewässers gewesen sein. Ob die Anhäufung von *Cryptomonas nasuta* in einer Lache des anmoorigen Geländes (Flachmoorvegetation) nahe der Überlingalm im Lungau mit der Düngung durch weidendes Vieh und den deutlich nachweisbaren Nitritspuren in kausalem Zusammenhang steht, ist nicht ganz sichergestellt.

Ein Beispiel für extrem hohen Eisengehalt gibt das Wasser der meisten Schlenken des Moores III im Lungau. Schlenken dieses Moores, welche oft den zehn- bis zwanzigfachen Eisengehalt von gleichartigen Gewässern anderer Moore aufwiesen, zeigten auch eine eigentümliche Mikroflora. Diese Schlenken zeigen folgende Artenliste: *Closterium striolatum*, 5, *Closterium juncidum* 2, eventuell *Closterium Kützingianum* 1, *Trachelomonas volvocina* 1.

Algenbesiedlung in anmoorigem Gelände.

Der Begriff des anmoorigen Geländes ist schwer zu umreißen. Es sind dies Flächen, die von Hochmoorpflanzen, Zwischen- oder Flachmoorpflanzen bedeckt sind. Die Torfschichte ist jedoch sehr dünn und kann den mineralischen Boden oder das Gestein oft nur wenige Zentimeter hoch überdecken, es kann aber auch der Torf sehr stark von mineralischen Bestandteilen durchsetzt sein. Schon diese Verhältnisse im Untergrund weisen auf die Eigenart der Standorte im anmoorigen Gelände hin. Es sollen die verschiedenen Typen von Gewässern anmooriger Gebiete, wie sie gefunden wurden, einzeln kurz besprochen werden.

a) Der Waldtümpel im Fichtenwald[1].

Der Grund des Gewässers ist saurer Nadelwaldboden. Umgeben werden die oft weniger als 1 m² großen Tümpel von Picea-Myrtil.-Gesellschaften. Das Ufer umsäumen *Polytrichum*, *Dicranum* und *Sphagnen*. Die Mikroflora besteht meist nur aus wenigen Mooralgen in größerer Individuenzahl, ohne daß eine irgendeiner Moorzone entsprechende „Gesellschaft" zustande kommt. Zwei Artenlisten aus solchen Standorten am Ostabfall der Gerlosplatte seien hier wiedergegeben:

I: *Microspora tumidula* 4, *Gymnozyga Brebissonii* 3—4, *Staurastrum muricatum* 2, *Closterium acutum* 1—2, *Netrium digitus* 1.

II: *Cryptomonas compressa* 2, *Chlamydomonas* sp. 2, *Scenedesmus bijugatus* 3, *Dictyosphaerium Ehrenbergianum* 3, *Closterium acutum* 3—4, *Staurastrum aciculiferum* 2, *Staurastrum dejectum* 3, *Staurastrum muricatum* 3—4, *Gymnozyga Brebissonii* 3, *Spondylosium pulchellum* 1 (letzteres kommt im Hochmoor auf der Gerlosplatte nur in den Blänken vor).

b) Kleine wassergefüllte Felswannen im Urgestein.

Die oft weniger als 1 m² große Wasserlache kann von Sphagnum, das auf einer dünnen Torfschichte am Gestein haftet, umgeben sein. Mitunter sammeln sich am Grund der Wanne Torf und Humusreste zu einer dünnen und lockeren Schichte von organischem Bodenschlamm.

Solche Standorte sind im Trattenbachtal häufig zu finden. Sie beherbergen Algen der Moorzonen A und B, jedoch nie vollständige Artenbestände oder „Gesellschaften" einer Zone. Artenlisten würden nur eine scheinbar willkürliche Zusammenstellung solcher Formen ergeben, daher kann auf ihre Wiedergabe verzichtet werden.

c) Schlenkenartige Lachen in einer dünnen Torfschichte, die auf größere Flächen den Untergrund bedeckt und Hochmoor-Makrophyten trägt (Trattenbachtal!).

[1] Dürfte sich mit dem Terminus „Waldtümpel" nach Pesta decken.

In den „Schlenken" solcher Areale kommt immer wieder der mineralische, felsige Untergrund zum Vorschein. Auch diese Standorte beherbergen Gesellschaftsfragmente der Zone A.

d) Flachmoorartiges Gelände mit Lachenkomplexen zwischen Carex- und Gramineenhorsten und von mineralischen Bestandteilen durchdrungenem Flachmoortorf als Untergrund.

Das beste Beispiel ist ein solches Areal westlich der Überlingalm im Lungau. Die ganze Fläche wird von Makrophytengesellschaften bedeckt, wie sie V i e r h a p p e r (1926) als für die Flachmoore und sauren Wiesen des Lungaus charakteristisch angibt. Die Standorte selbst sehen denen der Zone E und F ähnlich, sind jedoch meist nur 4—5 dm^2 groß. Die Mikroflora verschiedener solcher Standorte innerhalb des bezeichneten Areals zeigt große Unterschiede. Es finden sich Arten der Zonen C, E und F. Besonders bei den Desmidiaceen beherrschen einzelne Arten durch besonderen Individuenreichtum das Bild. So hat in einer Lache *Micrasterias americana* Abundanzgrad 3—4, in einer anderen *Closterium Lunula* Abundanzgrad 5. Vollständige Zonengesellschaften finden sich nicht. Eine Artenliste eines dieser Standorte zeigt eine Annäherung an den Artenbestand von neutralen Süßwässern. Neben Watten aus Oedogonien und Zygnemalen finden sich: *Phacus pleuronectes, Diatoma vulgare, Eunotia paludosa, Pinnularien, Cymbella prostrata, Gomphonema acuminatum* var. *coronata, Pediastrum Boryanum, Closterium Ehrenbergii, Closterium moniliferum, Cosmarium botrytis, Euastrum verrucosum* und daneben vor allem Algen der Zone E, insbesondere hierher gehörende Desmidiaceen.

Ein anderes Beispiel aus dem Trattenbachtal ist anmooriges Gelände vom Flachmoortyp ähnlich wie oben, jedoch nicht in so großer Nähe von Hochmooren. Die wenigen kleinen Lachen (2—3 dm^2 maximal) in besagtem Areal sind von einem dichten *Phyllonotis*-Rasen umrahmt. Ihre Mikroflora steht zum Teil den Zonen F und „r" nahe, wie die folgende Artenliste eines dieser Standorte zeigen soll.

Trachelomonas hispida 2, *Trachelomonas volvocina* 1, *Nostoc paludosum* 1, *Oscillatoria limosa* 1, *Oscillatoria* sp. 1, *Eunotia paludosa* 1, *Stauroneis anceps* 2, *Navicula pellicula* 1, *Navicula* vgl. *cari* 1, *Pinnularia nobilis* 2, *Cymbella amphicephala* 1, *Epithemia argus* var. *alpestris* 1, *Rhopalodia gibba* 1—2, *Nitzschia paleacea* 2, *Chlamydomonas* sp. 2, *Schizochlamys gelatinosa* 2, *Scenedesmus quadricauda* 2, *Scenedesmus bijugatus* 2, *Oedogonium* sp. 3, *Closterium didymotocum* 1, *Closterium rostratum* 1, *Pleurotaenium trabecula* 1, *Staurastrum dejectum* 1, *Staurastrum Dickiei* 1.

Zusammenfassung.

Verschiedene Teile der großen Biozönose und des Biotops „Moor" wurden mehr oder minder ausführlich bereits bearbeitet. Doch ist die Zahl der Arbeiten aus Österreich, die sich besonders mit der Mikrobiozönose befassen, relativ gering. Die vorliegende Arbeit soll einen ersten Überblick über die Verhältnisse der Mikroflora in den Mooren des österreichischen Alpengebietes geben.

Das Moor wird als großes Biotop betrachtet, das, ähnlich wie der Süßwassersee (dieser besonders schön im Eulitoral), eine Zonierung zeigt, die sogar eine Unterteilung der Hoch-, Zwischen- und Flachmoorregion zuläßt. Die Grundlage zur Festlegung von Zonen bildet vorläufig die gleiche Mikroflora der innerhalb einer solchen Fläche liegenden Schlenken. Wenn Ruttner die Schlenke mit einem kleinen See vergleicht, so soll unserer Ansicht nach diese Betonung der Individualität einer Schlenke nicht widerlegt werden. Doch ist die Schlenke nur ein Teil im Ganzen des Moores. Sie zeigt dies schon durch ihre Entstehung aus dem Moor, seinem Wachstum, seiner Sukzession von Gesellschaften und ihr Vergehen durch dieselbe Sukzession. Der Grund der Schlenken ist der gleiche, in dem die Moose und Makrophyten des Moores wurzeln. Aus dieser Gleichheit der ökologischen Bedingungen wird vielleicht die Einordnung der Mikroflora dieser Lachen in das Moorganze und dessen Zonierung verständlich.

Die Grundlage der Zonierung ist wie schon erwähnt zunächst die Algenflora, zweitens der Chemismus der Kleingewässer vom Schlenkentypus. Als Zone wird jene Fläche des Moores gezeichnet, in der Schlenken von gleichem Wasserchemismus und entsprechender Mikroflora liegen.

Die Regionen des Moores wurden aufgegliedert. Zonen des Hochmoors sind die Zonen A und B; C und D sind Zwischenmoorzonen, E und F Flachmoorzonen. Die Zone F müßte jedoch noch aufgegliedert und schärfer abgegrenzt werden.

Neben der Artenzahl ist auch die Individuenzahl der einzelnen Arten für die Zugehörigkeit eines Teilbiotops (Schlenke) zu einer bestimmten Zone kennzeichnend.

Die Sekundärstandorte konnten bei der Aufstellung dieses Systems nicht berücksichtigt werden, da sie nicht aus der Sukzession und dem Wachstum des Moores erklärbar sind. Ihr Grund liegt oft unter dem der radikanten Flora. So stellen sie oft eine gewaltsame Durchstoßung der obersten Moorschichten dar, welche von der Zonierung erfaßt werden. Daher zeigen diese Standorte neben anderen chemisch-ökologischen Verhältnissen auch eine Mikroflora, die nicht der Zone der Umgebung entspricht.

Charakteristisch für die Zone und daher für ihre ökologischen Bedingungen sind nicht die einzelnen Arten, sondern der ganze Artenbestand einer Schlenke. Kennzeichnend ist auch das individuenreiche Vorkommen bestimmter Arten. So tritt *Cylindrocystis* in der Zone A, *Closterium striolatum* oder *Tetmemorus granulatus* in der Zone B, *Micrasterias rotata* und *denticulata* in der Zone C in Massenvegetation auf. Es soll daher nicht so sehr auf bestimmte Zeigerarten, sondern mehr auf entsprechende Algenverbände Wert gelegt werden. Die Abundanzverhältnisse ändern sich natürlich im Laufe des Jahres. In der vorliegenden Arbeit wird jedoch vor allem der für unsere Moore charakteristische Sommeraspekt berücksichtigt. Es wäre daher noch zu prüfen, inwieweit sich die Grenzen der Zonen im Laufe des Jahres verschieben.

An dem Beispiel der Eisen- und Stickstoffanreicherung wurde gezeigt, daß auch chemische Faktoren den Artenbestand einer Schlenke so weit verändern können, daß ihre Population fast nicht mehr den Gegebenheiten ihrer Zone zu entsprechen scheint.

Das Moor als Ganzes, als Gesamtheit seiner Zonen betrachtet, läßt verschiedene Typen nach der Ausbildung der verschiedenen Zonen erkennen. Es gibt Moore, die nur die Zone A umfassen (vorderes Rotmoos bei Lunz, das Leckermoos bei Göstling, das nördliche Moor bei Teichl). Nur die Zone F umfaßt das Faschinger Flachmoor. Andere Moore zeigen alle Zonen oder zumindest eine größere Anzahl, wobei jedoch bestimmte Zonen besonders viel Raum innerhalb eines Moores einnehmen können. Im Schwingrasenmoor des Lunzer Obersees und des Hechtensees ist die Zone C besonders groß. Besondere Mächtigkeit haben die Zonen A und B in den Lungauer Mooren, im großen Moor auf der Gerlosplatte und in den Mooren des Trattenbachtales.

So wie jede Schlenke ihre individuellen Besonderheiten innerhalb der Zone zeigt, ohne den Rahmen der zonengemäßen Algengesellschaft zu sprengen, hat auch jedes Moor seine individuellen Besonderheiten, die aber einer allgemeinen Gliederung und Typisierung nicht hinderlich sind.

Die individuelle Verschiedenheit der Moore, aber auch die oft eigenartige Algenflora des anmoorigen Geländes weist auf einen Faktor hin, der abschließend genannt werden soll. Es ist dies der historische Faktor, der zwar immer wieder vernachlässigt wird, der aber sicher bei der Besiedlung eines Lebensraumes enorme Bedeutung hat. Wenn uns die chemisch-physikalischen Bedingungen die Biozönose als Typ verständlich machen, so läßt uns der historische Faktor das individuelle einer bestimmten Biozönose verstehen.

Die Algenzonierung in Mooren des österr. Alpengebietes. 477

Zu den Tabellen[2]:

Spalte der Tabelle	Moor oder Lage des Moores	Standort	Zone	p_H
1	Tamsweg Moor II (Sa)[3]	7	A	4,6
2	Knoppen (St)	1	A	4,6
3	Teichl Nordmoor (O)	1	A	4,7
4	Göstling Leckermoor (N)	G_x	A	4,7
5	Vorderes Rotmoos (Lunz) (N)	2	A	4,5
6	Hechtenseemoor (St)	2 (B)	A	4,7
7	Tamsweg Moor II (Sa)	5	B	4,8
8	Gerlosplattenhang Moor II (Sa)	II/7	B	4,8
9	Goggauseeschwingrasen (K)	7	B	4,8
10	Trattenbachtal Moor (Sa)	31	B	—
11	Tamsweg Moor II (Sa)	10	C	5,3
12	Lunz Oberseeschwingrasen (N)	10	C	5,2
13	Hechtenseemoor (St)	1 (A)	C	5,6–5,8
14	Hechtenseemoor (St)	3 (HS_3)	D	6,2
15	Tamsweg Moor II (Sa)	11	E	5,7
16	Tamsweg Moor V (Sa)	7'	E	5,9
17	Goggauseeschwingrasen (K)	14	E	—
18	Tamsweg Moor II (Sa)	20	F	6,0
19	Lunz Oberseeschwingrasen (N)	5	F	—
20	Hechtenseemoor (St)	Z	F	—
21	Moor östlich Pichl (St)	15	r'	—
22	Mitterndorf Hochmoor (St)	MG 31	r	—
23	Goggausee Südmoor (K)	15	r	—
24	Faschinger Moor (K)	1'	F Typ c	6,5–6,7

---

[2] Die Tabellen erheben keinen Anspruch auf Vollständigkeit, da in jeder Spalte nur der Artenbestand einer einzigen Probe aufgenommen wurde.

[3] N = Niederösterreich, O = Oberösterreich, Sa = Salzburg, St = Steiermark, K = Kärnten.

	1	2	3	4	5	6	7	8	9	10	11	12	13	14	15	16	17	18	19	20	21	22	23	24
Aphanocapsa pulchra					1																			
Microcystis sp.																								
Aphanothece stagnina																							2	
" saxicola														2	1	1		1						
" castagnei			3											2	1		3	2						
" nidulans											2	1	1											
" microscopica														2			2					2	2	
Chroococcus turgidus	3	4	3		3	4	3	4	3					1			1		1					
" minutus	1				1		1							1			1		1					
" dispersus				2						2		2	2	1			2				1			
" limneticus												1			1	1				1	1			
Gomphosphaeria aponia												1	1						2					
Coelosphaerium Kützingianum	1	1			1		1			1		1		1						1				
" Ehrenbergianum	1																				1			
Eucapsis alpina		1			1		1					1		1			1				1	3		
Merismopedia tenuissima			3													2					2			
" glauca	1		2	2			2	2			2													
Synechococcus aeruginosus		1		2			2	2		1	2					1								
Rhabdoderma lineare							2									1								
" irregulare	1						2	1								1								
Dactylococcopsis rhaphidioides																								
Stigonema hormoides	1	1						1				1					1				1			
" ocellatum	1	1	1					2	1			1					1							
Hapalosiphon hibernicus					2							2												

Die Algenzonierung in Mooren des österr. Alpengebietes.

(Tabelle mit 26 Artenspalten und zahlreichen Fundortzeilen; Werte überwiegend 1, vereinzelt 2 oder 3)

Arten (Spaltenköpfe, von links nach rechts):

1. *Hapalosiphon fontinalis*
2. *Scytonema tolypotrichoides*
3. „ *sp.*
4. *Nostoc paludosum*
5. „ *Kihlmanii*
6. *Anabaena sp. sp.*
7. „ *lapponica*
8. „ *minutissima*
9. „ *flos aquae*
10. „ *Augstumalis*
11. *Oscillatoria tenuis*
12. „ *coerulescens*
13. „ *Froehlichii*
14. „ *sp.*
15. *Phormidium Rotheanum*
16. *Microcoleus subtorulosus*
17. *Tabellaria flocculosa*
18. *Synedra affinis*
19. „ *rumpens*
20. *Eunotia arcus*
21. „ *exigua var. bidens*
22. „ *paludosa*
23. „ *tridentula*
24. „ *pectinalis*
25. „ *lunaris*
26. „ *tenella*

	1	2	3	4	5	6	7	8	9	10	11	12	13	14	15	16	17	18	19	20	21	22	23	24
Eucocconeis flexella																						1		1
,, lapponica		1																	1					
Achnanthes sp.															1				1					2
,, minutissima																								2
,, lanceolata	2	2	2	2	2	2	2	3	2	2							1							
Frustulia saxonica					2											1								2
Calomeis silicula			2															1						2
,, var. alpina																						1		1
Stauroneis phoenicenteron	1						1	1																2
,, anceps		1													1						1	1		
Navicula subtilissima					1					1	1	1	1	1			2	1	1					2
,, minuscula													1		1			2		2			1	2
,, radiosa											2			2										
,, lanceolata	1						1			2														2
Pinnularia microstauron		1			1		2										2		1		2	2	1	2
,, gibba																		2	1		1		1	2
,, viridis	1														1	2			1			1	1	
,, nobilis																	2	2		1				
Cymbella hybrida																				2				
,, ventricosa														2	1	2	2			1		2		2
,, gracilis																						1		
,, affinis																						2		
,, parva																						1		
,, cistula																								1

Die Algenzonierung in Mooren des österr. Alpengebietes. 481

2		1				1	2	1				1	2	1			1		1				1			
1	1			1							1	1		1	1	1			1							
1								1	2	2	2	2	1	1	1											
														1			2			2						
				1		1											2	2			1	1				
		1															1	1				1	3			
2												1	1			1	1									
												1					1									
1		1							1			1			1											
2									1			1				1										
																2	1				1					
						1										1										
																1	1									
								1	1					2												
						1								2												
								1		2				1												
														1												
								2	1					1												
														2												
														1	2											
														1												
														2												
														3												
							1							1												

Cymbella helvetica
   „   *amphicephala*
   „   *obtusiuscula*
   „   *aequalis*
   „   *cymbiformis*
   „   *Ehrenbergii*
Gomphonema helveticum
   „   *longiceps*
   „   *gracile*
Epithemia argus var. *alp.*
   „   *argus*
Rhopalodia gibba
Nitzschia sp. sp.
   „   *subtilis*
   „   *palea*
   „   *paleacea*
Stenopterobia intermedia
Surirella ovata
Pyramidomonas montana
Chlamydomonas sp. sp.
Gloeococcus Schroeteri
Asterococcus superbus
Gonium pectorale
Eudorina elegans
Tetraspora lacustris
Schizochlamys delicatula

	1	2	3	4	5	6	7	8	9	10	11	12	13	14	15	16	17	18	19	20	21	22	23	24
Schizochlamys gelatinosa													1							3				
Chlorosarcina sp.								2	1		2													
Chlorococcum botryoides						2								2										1
Characium sp.						1				1		1	1			1			1	3				1
Pediastrum Boryanum		1					2					1	2	2	1			3	2		2			
,, tetras	1							4			3	2		1	1	1		1						1
,, tricornutum					2	1			2	2	1	2	1	1					2		2			
Eremosphaera viridis														1	1									
Chlorella minor			1														1				1			
Tetracoccus botryoides														2					1					
Oocystis solitaria		2				1			2	2		1		1		2	1	1		1		·		1
,, crassa														2										
,, elliptica														1			1							1
,, var. minor						1												1	2					
,, Naegelii		2						2	2			1		2		2	1		2					
Tetraedron minimum	1													1										
,, sp.												1		1				1					1	1
Scenedesmus denticulatus					2														2	2	1			1
,, costatus																				2				
,, acutiformis																				2				
,, quadricauda																								
,, bijugatus																								
Crucigenia quadrata																								
Dispora crucigenoides																								

Die Algenzonierung in Mooren des österr. Alpengebietes.

											1	1												
																						2			Dictyosphaerium Ehrenbergianum
		1																							Raphidium falcatum
						2	1					1									3				„ Braunii
	1	1	2		1						1	1									1	1			Coelastrum proboscideum
2	2				2		1																		Coccomyxa lacustris
																					1				Keratococcus rhaphidioides
																					1				Gloeotaenium minus
																					2	1			Ulothrix subtilissima
																					1				Binuclearia Tatrana
		2																			2				Geminella mutabilis
		1					2														1				„ minor
1																					1	1			Stigeoclonium sp.
																		1	1				1		Chaetophora elegans
1																			1	2	3		1		„ pisiformis
	2																				1				Microthamnion Kützingianum
														1						1	1				Chaetosphaeridium Pringsheimii
																			1						Microspora tumidula
		1																	1						„ floccosa
2						1				2			2	2	2						1				„ Willeana
				2								2													„ sp.
						1													2						Oedogonium Itzigsohnii
		1							1	2			1												„ inconspicuum
		1								2							1								„ sp. sp.
																									Bulbochaete sp.
																									Spirotaenia condensata
																									Mesotaenium macrococcum

	1	2	3	4	5	6	7	8	9	10	11	12	13	14	15	16	17	18	19	20	21	22	23	24
Mesotaenium chlamydosporum	1	—	—	—	—	—	—	—	—	—	—	—	—	—	—	—	—	—	—	—	—	—	—	—
„ Endlicherianum	1	—	—	—	—	—	—	—	—	—	1	—	—	—	—	—	—	—	—	—	—	—	—	—
Cylindrocystis Brebissonii	4	3	2	2	2	2	3	1	1	1	1	—	—	—	1	—	—	1	—	—	1	—	—	—
„ minor	4	3	2	5	2	4	3	2	—	—	—	2	2	1	1	1	—	—	—	—	—	—	—	—
Netrium digitus	2	2	2	2	1	—	4	2	1	—	1	—	—	—	1	1	—	1	—	—	1	—	—	—
„ parvulum	1	—	1	—	—	—	—	—	—	—	—	—	—	—	1	1	—	—	—	—	—	—	—	—
„ oblongum	1	—	—	—	—	—	1	—	—	—	1	—	1	—	1	1	—	1	—	—	—	—	—	—
„ interruptum	—	—	—	—	—	1	—	1	—	—	—	1	—	—	—	—	—	—	—	—	—	—	—	—
Penium margaritaceum	—	—	—	—	—	1	1	—	—	—	—	—	—	—	—	—	—	—	—	—	—	—	—	—
„ cylindrus	2	—	—	—	2	—	—	—	—	—	—	—	—	—	—	—	1	—	—	—	2	—	1	—
„ exiguum	2	—	—	—	2	—	—	—	—	2	2	—	—	—	—	—	—	—	—	—	1	—	—	—
„ spirostriolatum	1	2	1	1	2	—	—	—	—	—	—	—	—	—	—	—	—	—	—	—	—	—	—	—
„ polymorphum	—	—	—	—	3	—	—	—	—	1	—	—	—	—	—	—	—	—	—	—	—	—	—	—
„ phymatosporum	—	—	—	—	—	—	—	—	—	—	—	—	1	1	1	1	—	1	—	—	—	—	—	—
„ crassiculum	—	—	—	—	—	—	—	—	—	1	—	—	—	—	1	1	—	1	—	—	—	—	—	—
„ minutum	—	—	—	—	—	—	—	—	—	1	—	—	1	—	—	1	—	—	1	—	—	—	—	—
Closterium navicula	—	—	—	—	—	—	—	—	—	1	1	1	—	1	—	2	2	2	1	—	—	—	—	—
„ libellula	—	—	—	—	—	—	1	—	—	—	1	—	—	—	—	—	—	—	—	—	—	—	—	—
„ cynthia	—	—	—	—	—	—	—	—	—	—	—	—	—	—	—	—	—	—	1	—	—	—	—	—
„ didymotocum	—	—	—	—	—	—	—	—	—	—	—	—	—	—	—	—	—	1	1	—	—	—	—	—
„ angustatum	—	—	—	—	—	—	1	4	3	2	4	2	2	1	2	2	—	2	—	—	—	—	—	—
„ costatum	—	—	—	—	—	—	3	—	—	—	—	—	—	1	2	3	—	—	—	—	1	—	—	—
„ striolatum	—	—	—	—	—	—	—	—	—	—	—	2	2	1	—	—	—	2	—	—	—	—	1	—
„ intermedium	—	—	—	—	—	—	—	—	—	—	—	—	—	—	—	—	—	—	1	—	—	—	—	—

Die Algenzonierung in Mooren des österr. Alpengebietes.

Closterium ulna
,, juncidum
,, Dianae
,, parvulum
,, Venus
,, monilijerum
,, Ehrenbergii
,, acerosum
,, Lunula
,, abruptum
,, regulare
,, acutum
,, gracile
,, subulatum
,, Kützingii
,, rostratum
Pleurotaenium truncatum
,, nodulosum
,, Ehrenbergii
,, trabecula
Tetmemorus Brebissonii
,, laevis
,, granulatus
Evastrum humerosum
,, oblongum
,, didelta

	Euastrum affine	sinuosum	ansatum	obesum	insigne	rostratum	bidentatum	dubium	elegans	binale	alpinum	insulare	verrucosum	Micrasterias pinnatifida	truncata	crenata	papillifera	fimbriata	apiculata	rotata	denticulata	cruz melitensis	americana	Cosmarium Lundellii
1	—	—	—	—	1	—	—	—	1	—	—	—	—	—	—	—	—	—	—	—	—	—	—	—
2	—	—	—	—	—	—	—	2	—	—	—	—	—	—	—	—	—	—	—	—	—	—	—	—
3	—	—	—	—	—	—	—	1	—	—	—	—	—	—	—	—	—	—	—	—	—	—	—	—
4	—	—	—	—	—	—	—	—	—	—	—	—	—	—	—	—	—	—	—	—	—	—	—	—
5	—	1	1	—	—	1	—	—	—	—	—	—	—	—	—	—	—	—	—	—	—	—	—	—
6	—	—	—	1	—	1	—	—	—	—	—	—	—	—	—	—	—	—	—	—	—	—	—	—
7	1	—	2	—	—	2	—	—	—	2	1	—	—	—	—	—	—	—	—	—	—	—	—	—
8	3	—	—	1	—	—	2	—	—	—	—	—	—	—	—	—	—	—	—	—	—	—	—	—
9	—	2	—	—	—	—	—	—	—	—	—	—	—	—	—	—	—	—	—	—	—	—	—	—
10	2	—	—	2	—	—	—	—	—	—	—	—	—	—	—	—	—	—	—	—	—	—	—	—
11	2	1	—	—	—	1	2	1	1	—	—	—	—	3	—	2	1	—	3	2	—	—	—	—
12	—	2	—	—	1	1	2	—	—	—	1	—	—	—	—	3	—	—	—	—	—	—	—	—
13	—	2	2	—	1	—	1	—	—	—	1	1	—	—	—	3	—	—	—	—	—	—	—	—
14	—	—	2	—	—	—	—	—	—	—	1	1	—	—	2	—	3	—	—	—	—	—	—	—
15	—	1	1	—	1	1	—	—	—	—	2	1	—	—	2	—	—	2	1	—	—	—	—	—
16	2	2	—	—	—	2	—	—	—	1	1	1	1	—	1	2	—	2	1	—	—	—	—	—
17	—	1	—	—	—	1	—	—	—	—	—	—	—	2	1	—	—	—	—	—	—	—	—	—
18	2	2	—	—	—	1	—	1	—	2	2	—	—	3	2	—	—	—	—	—	—	—	—	—
19	—	—	—	1	—	—	—	2	—	—	—	—	—	1	1	—	—	—	—	—	—	—	—	—
20	—	—	—	—	—	—	—	—	—	—	—	—	—	—	—	—	—	—	—	—	—	—	—	—
21	1	—	—	—	—	—	1	1	—	1	1	—	1	—	—	—	—	—	—	—	—	—	—	—
22	—	—	—	—	—	—	—	—	—	—	—	—	—	—	—	—	—	—	—	—	—	—	—	—
23	—	—	—	—	—	—	—	—	—	—	—	—	—	—	—	—	—	2	—	—	—	—	—	—
24	—	—	—	—	—	—	—	—	—	—	—	—	—	—	—	—	—	—	—	—	—	—	—	—

Die Algenzonierung in Mooren des österr. Alpengebietes.

	Cosmarium pachydermum	,, Ralfsii	,, perforatum	,, undulatum	,, subundulatum	,, tumidum	,, cucumis	,, tinctum	,, alpinum	,, retusiforme	,, pyramidatum	,, pseudopyramidatum	,, venustum	,, connatum	,, globosum	,, obliquum	,, quadratum	,, de Baryi	,, sphagnicolum	,, pygmaeum	,, impressulum	,, cucurbitinum	,, cucurbita	,, Meneghinii	,, palangula	,, moniliforme
												1			1											
										1	2									2						
											1															
1		2					1	3	2	2																
	1	1						2	1		1			1						1						
									1	2	2	1														
1								1	1		1											2		1		
	1					1		1	1		1		1			1			1							
1					1		1	1	3	1			1						1	1						
		1					1	1		1									1							
		2	1					1	2										2							
			1			1		1	3	1									1	1						
					1						1								2	2						
								1	2	1									1							
									1		1								1	2						
									2										3		1					
																			4		1					
																		1		4	2					
																				2						
																		1		4	1					
												1								1						
										1				1						2	1					

	1	2	3	4	5	6	7	8	9	10	11	12	13	14	15	16	17	18	19	20	21	22	23	24
Cosmarium reniforme											1													
" Portianum											2				1			1	1					
" margaritiferum												1			2	2	2	1	1					
" punctulatum							1				1				1	1								
" subcrenatum									1							1		1						1
" nasutum																1	1							
" Botrytis													2						1					
" conspersum					2	3				2		3	2	1					2	2				
" margaritatum													1	1										
" amoenum														1										
" elegantissimum											2													
Pleurotaeniopsis turgida															1	1		2						
Xanthidium armatum					2	3				2							1	1						
" antilopaeum																								
" cristatum								1																
" fasciculatum		1		1						1	1		1	1				1	1		1			
Arthrodesmus incus							1																	
" incus var. minor																1			2					
" convergens																		1	1					
Staurastrum capitulum															1	1								
" muticum																		1						
" orbiculare												1			1	1		1	2					
" striolatum																		1	1					
" punctulatum												1	1						1					

Die Algenzonierung in Mooren des österr. Alpengebietes.

Staurastrum glabrum
„ Dickiei
„ dejectum
„ O Mearii
„ aciculiferum
„ lunatum
„ Simonyi
„ polytrichum
„ echinatum
„ gladiosum
„ teliferum
„ hystrix
„ muricatum
„ scabrum
„ subscabrum
„ inconspicuum
„ brachiatum
„ cingulum
„ pseudopelagicum
„ polymorphum
„ margaritaceum
„ brachycerum
„ sexcostatum
„ aculeatum
„ controversum
„ Heimerlianum

	1	2	3	4	5	6	7	8	9	10	11	12	13	14	15	16	17	18	19	20	21	22	23	24
Staurastrum oxyacanthum															1									
„ *furcatum*				1	2		1											1						
„ *furcigerum*					1				1		2		2				1		2		1			
„ *avicula*					1				1					1										
„ *Reinschii*					1				1							1	1							
„ *Clevei*					1													4	2	1				
„ *Sebaldii*																		4	2					
Sphaerozosma excavatum			2				1	1									1			1				
Hyalotheca dissiliens					3													1						
„ *mucosa*					1													1						
Desmidium Swartzii					2	1		1					1			1		1			1			
„ *coarctatum*																					1			
„ *quadratum*											1		1	1	1	1		1	2	2				
Gymnozyga Brebissonii																			2	2				
Zygogonium ericetorum																			2					
Mougeotia parvula																								1
„ sp. sp.																								4
Zygnema sp. sp.																								
Spirogyra sp. sp.							1				1	3	1				1	1	2		2			
Gloeobotrys chlorinus							1										1							
Chlorobotrys regularis				2																			1	
Characiopsis gracilis																								
Ophiocytium parvulum											1	1				1		1		1				
Botryococcus Braunii								1		1											1			

Die Algenzonierung in Mooren des österr. Alpengebietes.

Chromulina nebulosa
" sp. sp.
Dinobryon eurystoma
Synura uvella
Ochromonas sp.
Cryptomonas tenuis
" ovata
" nasuta
Euglena acus
" deses
" intermedia
Phacus pleuronectes
Trachelomonas volvocina
" reticulata
" oblonga
" hispida
Gloeodinium montanum
Gymnodinium fuscum
" paradoxum
" sp.
Peridinium cinctum
" sp.
Tetradinium intermedium
Cystodinium iners
Ceratium cornutum

Literaturverzeichnis.

Behre, K., und Wehrle, E., 1942: Welche Faktoren entscheiden über die Zusammensetzung von Algengesellschaften? Arch. f. Hydr. **39**, 1.

Bertsch, R., 1938: Das Wurzacher Ried. Veröff. d. Würtb. Landesst. f. Naturschutz 1938, Heft 14.

— 1941: Das Erisker Ried. Ebd. 1941, Heft 17.

Braun-Blanquet, 1951: Pflanzensoziologie. 2. Aufl. Springer, Wien.

Brehm, V., und Ruttner, F., 1917: Ergebnis einiger im Franzensbader Moor unternommener Exkursionen. Arch. f. Hydr. **11**, 306.

Brehm, V., und Ruttner, F., 1926: Die Biocönosen der Lunzer Gewässer. Int. Rev. Hydr. **16**, 281.

Budde, H., 1942: Die Algenflora Westfalens und der angrenzenden Gebiete. Descheniana **101**, 131.

Donat, A., 1929: Zur Kenntnis der Desmidiaceen des norddeutschen Flachlandes. Pflanzenforschung 1929, Heft 5.

Gams, H., 1927: Die Geschichte der Lunzer Seen, Moore und Wälder. Int. Rev. Hydr. 18.

— 1948: Fortschritte der alpinen Moorforschung. Oe. B. Z. **34**, 235.

Gessner, F., 1931: Der Moosbruch. Arch. f. Hydr. **23**, 65.

— 1933: Nährstoffgehalt und Planktonproduktion in Hochmoorblänken. Ebd. **25**, 394.

Gistl, R., 1931: Wasserstoffionenkonzentration und Desmidiaceen im Kirchseegebiet. Arch. f. Mikrobiol. **2**, 23.

Guinochet, M., 1938: Études sur la végétation de l'étage alpin dans le bassin supérieur de la Tinée. — Comm. S. I. G. M. A., n° 59. Bisc. Lyon. 458 pp.

Harnisch, O., 1927: Einige Daten zur rezenten und fossilen testaceen Rhizopodenfauna der *Sphagnen*. Arch. f. Hydr. 18.

— 1929: Biologie der Moore. Die Binnengewässer, Bd. 7.

Heimerl, A., 1891: *Desmidiaceae alpinae*. Verh. d. Zool. Bot. Ges. Wien, **41**, 587.

Heinis, F., 1910: Systematik und Biologie der moosbewohnenden *Rhizopoden*, *Tardigraden* und *Rotatorien* der Umgebung von Basel. Arch. f. Hydr. **5**, 89 u. 217.

Höfler, K., 1926: Über Eisengehalt und lokale Eisenspeicherung in der Zellwand der Desmidiaceen. Sitz.-Ber. d. Akad. d. Wiss. Wien, math.-nat. Kl., Abt. I, **135**, 103.

— 1937: Pilzsoziologie. Ber. d. deutsch. bot. Ges. **55**, 606.

— 1951: Zur Kälteresistenz einiger Hochmooralgen. Verh. d. Zool. bot. Ges. **92**, 234.

Höfler, K., und Loub, W., 1952: Algenökologische Exkursion ins Hochmoor auf der Gerlosplatte. Sitz.-Ber. d. Akad. d. Wiss. Wien, math.-nat. Kl., Abt. I, **161**, 263.

Homefeld, H., 1929: Zur Kenntnis der Desmidiaceen Nordwestdeutschlands. Pflanzenforschung 1929, Heft 12.

Hustedt, F., 1911: Bacillariophyta und Desmidiaceae aus Tirol. Arch. f. Hydr. **6**, 307.

Iversen, J., 1929: Studien über die p_H-Verhältnisse dänischer Gewässer und ihren Einfluß auf die Hydrophytenvegetation. Bot. Tidskr. **40**, 277.

Kopetzky-Rechtperg, O., 1951: Über eine Mißbildung der Alge *Netrium digitus*. Sitz.-Ber. d. Akad. d. Wiss. Wien, math.-nat. Kl., Abt. I, **160**, 573.
— 1952: Artenliste von Desmidiales aus den österreichischen Alpen. Ebd. **161**, 239.
— 1952: Über die Desmidiacee *Cosmarium annulatum*. O. B. Z. **99**, 589.
Krieger, W., 1929: Algologische Untersuchungen über das Hochmoor am Diebelsee. Beitr. z. Naturdenkmalpflege. 13, Heft 2.
— 1930: Algenassoziationen von den Azoren und aus Kamerun. Hedwigia 70.
— 1933: Die Desmidiaceen. Rabenhorsts Kryptogamenflora, Bd. 13.
Legler, F., 1931: Zur Ökologie der Diatomeen burgenländischer Natrontümpel. Sitz.-Ber. d. Akad. d. Wiss. Wien, math.-nat. Kl., Abt. I, **150**, 45.
Loub, W., 1953: Zur Algenflora der Lungauer Moore. Sitz.-Ber. d. Akad. d. Wiss., Wien, math.-nat. Kl., Abt. I, **162**, 545.
Lütkemüller, J., 1892: Desmidiaceen aus der Umgebung des Attersees in Oberösterreich. Verh. zool.-bot. Ges. Wien 42, 537.
— 1900: Desmidiaceen aus der Umgebung des Millstätter Sees in Kärnten. Verh. d. Zool. Bot. Ges. Wien. **50**, 60.
Magdeburg, P., 1925: Neue Beiträge zur Kenntnis der Ökologie und Geographie der Algen der Schwarzwaldhochmoore. Ber. d. Naturforsch. Ges. Freiburg i. Br. 24, 1.
— 1926: Vergleichende Untersuchung der Hochmooralgenflora zweier deutscher Mittelgebirge. Hedwigia **66**, 1.
Messikomer, E., 1927: Biologische Studien im Torfmoos von Robenhausen. Diss. Zürich.
— 1935: Algen aus dem Obertoggenburg. Jahrb. St. Gallen. Naturwiss. Ges. **67**, 95.
— 1943: Hydrobiologische Studie an der Moorreservation der schweizerischen naturforschenden Gesellschaft in Robenhausen-Wetzikon. Vierteljahrsschr. d. naturforsch. Ges. Zürich 88, 1.
— 1951: Die Algenflora des Kanton Glarus. Mitt. d. naturforsch. Ges. d. Kanton Glarus. 1951, 450.
Paul, H., und Lutz, J., 1941: Zur soziologisch ökologischen Charakterisierung von Zwischenmooren. Ber. d. Bayr. Bot. Ges. **15**, 141.
Pesta, O., 1933: Beiträge zur Kenntnis der limnologischen Beschaffenheit ostalpiner Tümpelgewässer. Arch. f. Hydr. 25, 68.
— 1952: Beobachtungen über die Entomostrakenfauna der Tümpel auf der Gerlosplatte. Sitz.-Ber. d. Akad. d. Wiss. Wien, math.-nat. Kl., Abt. I, **161**, 285.
Redinger, K., 1934: Studien zur Ökologie der Moorschlenken. Beih. Bot. Zentralblatt **52**, Abt. B, 231.
Ruttner, F., 1940: Grundriß der Limnologie. de Gruyter. Berlin.
Steinecke, F., 1913: Die beschalten Wurzelfüßer des Zehlausbruchs. Schr. Phys. Ökonom. Ges. Königsberg **54**, 299.
— 1917: Formationsbiologie der Algen des Zehlausbruchs. Arch. f. Hydr. **11**, 458.
Symoens, J. J., 1951: Esquisse d'un système des assoziations algales d'eau douce. Trav. de l'Ass. Int. de Limm., Vol. XI, p. 395—408.
Thienemann, A., 1929: Grundzüge der allgemeinen Ökologie. Arch. f. Hydr. **11**, 458.

Vierhapper, F., 1936: Vegetation und Flora des Lungau. Verh. zool.-bot. Ges. Wien. **16**, 1.

Warén, H., 1936: Über das Calziumbedürfnis der niederen Algen. Planta **25**, 460.

Wehrle, E., 1927: Studien über Wasserstoffionenverhältnisse und Besiedlung an Algenstandorten in der Umgebung von Freiburg i. Breisgau. Zeitschr. f. Bot. **19**, 209.

— 1939: Zur Kenntnis der Algen im Naturschutzgebiet Weingartener Moor bei Karlsruhe am Rhein. Beitr. zur naturkundl. Forsch. in Südwestdeutschland. **7**, 127.

West, W. and West, G. S., 1904—1922: A Monographie of the British Desmidiaceae. Vol. I—V. London.

Zacharias, O., 1903: Zur Kenntnis der niederen Fauna und Flora holsteinischer Moorsümpfe. Forschungsber. d. Station Plön **10**, 223.

Zumpfe, H., 1929: Obersteirische Moore. Verh. d. zool.-bot. Ges. Wien XV, 2.

Die in den Sitzungsberichten Abtlg. I und Abtlg. II a der math.-nat. Klasse der Österr. Ak. d. Wiss. erscheinenden Abhandlungen werden auch einzeln abgegeben. Sie können durch jede Buchhandlung oder direkt durch die Auslieferungsstelle der Österreichischen Akademie der Wissenschaften (Wien I, Singerstraße 12) bezogen werden.

Nachfolgende Abhandlungen aus dem Fach der Zoologie sind erschienen:

1950 (S I Bd. 159):

Pesta O. und Kuchar K.: Limnologische und hydrobakteriologische Untersuchungen an drei Hochgebirgstümpeln im Wattental (Tirol), 10 Seiten. S 7.80

1951 (S I Bd. 160):

Attems C.: Ergebnisse der Österreichischen Iran-Expedition 1949/50: Myriopoden vom Iran, gesammelt von der Expedition Heinz Löffler und Genossen 1949/50 (mit 47 Textabbildungen), 39 Seiten. S 23.—

Ehrenberg K.: Beobachtungen über Lebensspuren und Nahrungsweise der Bisamratte (Fiber zibethicus L.) (mit 3 Tafeln), 21 Seiten. S 14.—

Pesta O.: Ergebnisse der Österreichischen Iran-Expedition 1949/50: Studie an Süßwasserkrabben aus Persien (Iran) (mit 1 Textabbildung), 5 Seiten. S 3.—

Wettstein O.: Ergebnisse der Österreichischen Iran-Expedition 1949/50: Amphibien und Reptilien. Mit biologischen Zusätzen von H. Löffler, 21 Seiten. S 9.—

Willmann C.: Untersuchungen über die terrestrische Milbenfauna im pannonischen Klimagebiet Österreichs (mit 39 Textabbildungen), 85 Seiten. S 36.—

1952 (S I Bd. 161):

Böhm L. K., w. M., und Supperer R.: Die Mondblindheit der Einhufer, verursacht durch die Mikrofilarien von Onchocerca reticulata Diesing (mit 4 Textabbildungen und 1 Tafel), 8 Seiten. S 4.50

Hemsen J.: Ergebnisse der Österreichischen Iran-Expedition 1949/50: Cladoceren und freilebende Copepoden der Kleingewässer und des Kaspisees (mit 72 Textabbildungen), 59 Seiten. S 28.10

Kuchar K. W.: Bakteriologische Beobachtungen an zwei Hochgebirgstümpeln der Kitzbühler Alpen (Tirol), 14 Seiten. S 6.80

Pesta O., k. M.: Beobachtungen über die Entomostrakenfauna der Tümpel auf der Gerlosplatte (1640 m ü. d. Meer), 4 Seiten. S 2.40

Pesta O., k. M.: Biologische Beobachtungen an einigen Hochgebirgstümpeln der Kitzbühler Alpen (Tirol) (mit 1 Tafel und 1 Textabbildung), 3 Seiten. S 6.10

Roewer C. Fr.: Die Solifugen und Opilioniden der Österreichischen Iran-Expedition 1949/50 (mit 2 Textabbildungen), 7 Seiten. S 3.20

1953 (S I Bd. 162):

Böhm L. K., w. M., und Supperer R.: Beobachtungen über eine neue Filarie (Nematode), Wehrdikmansia rugosicauda Böhm & Supperer 1953, aus dem subkutanen Bindegewebe des Rehes (mit 6 Textabbildungen). S 6.40

Brehm V.: Notizen zur Süßwasser-Mikrofauna von Borneo und Cebu (Philippinen) (mit 4 Textabbildungen). S 3.30

Brehm V.: Pseudoboeckella remotissima n. sp., die erste Pseudoboeckella aus dem australischen Sektor der Antarktis (mit 6 Textabbildungen). S 4.50

Nemenz H.: Ergebnisse der Österreichischen Iran-Expedition 1949/50. Ixodidae. S 1.40

Ochs G.: Ergebnisse der Österreichischen Iran-Expedition 1949/50. Gyrinidae (Coleoptera). S 4.30

Ratzenhofer M.: Studien über die Gewichtsveränderungen bei der Entwicklung des Großen Kohlweißlings (mit 3 Textabbildungen) S 9.10

Ruttner-Kolisko Agnes: Psammonstudien I. Das Psammon des Torneträsk in Schwedisch-Lappland (mit 4 Textabbildungen und 2 Tafeln). S 20.90

Stundl K.: Der Gleinkersee bei Windischgarsten, Oberösterreich. S 3.20

Wettstein O.: Herpetologia aegaea (mit 2 Karten, 1 farbigen und 7 schwarzen Tafeln). S 122.—

Willmann C.: Neue Milben aus den östlichen Alpen (mit 52 Textabbildungen). S 35.40

If you have any concerns about our products,
you can contact us on
ProductSafety@springernature.com

In case Publisher is established outside the EU,
the EU authorized representative is:
**Springer Nature Customer Service Center GmbH
Europaplatz 3, 69115 Heidelberg, Germany**

Printed by Libri Plureos GmbH
in Hamburg, Germany